한국의 산야초 도감

The

Wild Flowers

of

Korea

한국의 산야초 도감
The Wild Flowers of Korea

초판 1쇄 인쇄 2011년 1월 10일
초판 3쇄 발행 2018년 7월 25일

엮은이 꽃과 자연을 담는 사람들
펴낸곳 글로북스
펴낸이 박경준

출판등록 2001년 7월 2일 제15-522호
주　소 121-896 서울특별시 마포구 서교동 444-15
전　화 02-332-4327
팩　스 02-3141-4347

* 파본이나 잘못된 책은 교환해 드립니다.

우리 산과 들에서 숨쉬고 있는 보물

한국의 산야초 도감

엮은이 꽃과 자연을 담는 사람들

The Wild Flowers of Korea

Contents

머리말 · 8

01 봄에 피는 산야초

노루귀 · 12
보춘난초 · 14
얼레지 · 16
변산바람꽃 · 18
꿩의바람꽃 · 20
국화바람꽃 · 22
남방바람꽃 _ 한라바람꽃 · 24
깽깽이풀 · 26
앉은부채 · 28
개보리뺑이 · 30
민들레 · 32
흰민들레 · 34
서양민들레 · 36
제비꽃 · 38
앵초 · 40
처녀치마 · 42
외대바람꽃 · 44

괭이눈 · 46
머위 · 48
미치광이풀 · 50
할미꽃 · 52
홀아비꽃대 · 54
광릉요강꽃 · 56
금난초 · 58
석곡난초 · 60
중의무릇 · 62
나도개감채 · 64
은방울꽃 · 66
애기나리 · 68
금전초 · 70
광대나물 · 72
뚜껑별꽃 · 74
대극 · 76
애기풀 · 78
자운영 · 80
뱀딸기 · 82
양지꽃 · 84
갯무 · 86
황새냉이 · 88

갯장대 · 90
자주괴불주머니 · 92
갯괴불주머니 · 94
개구리발톱 · 96
개구리자리 · 98
벼룩나물 · 100
산자고 · 102
광대수염 · 104
벌깨덩굴 · 106
윤판나물 · 108
꽃마리 · 110
꽃다지 · 112
백작약 _ 산작약 · 114
개별꽃 · 116
솜나물 · 118
은난초 · 120
등대풀 · 122
냉이 · 124
진황정 · 126
바위취 · 128
선갈퀴 · 130
큰꽃으아리 · 132

적작약 · 134
큰방울새란 · 136
감자난초 · 138
약난초 · 140
연영초 · 142
실꽃풀 · 144
뽀리뺑이 · 146
솜방망이 · 148
갈퀴덩굴 · 150
꿀풀 · 152
금창초 · 154
좀가지풀 · 156
갯메꽃 · 158
구슬붕이 · 160
갯완두 · 162
별꽃 · 164
수영 · 166
붓꽃 · 168
맥문동 · 170
털복주머니란 · 172
뚝새풀 · 174
풀거북꼬리 · 176

| 방가지똥 · 178 | 독미나리 · 214 |

02 여름에 피는 산야초

떡쑥 · 182	괭이밥 · 216
씀바귀 · 184	이질풀 · 218
지칭개 · 186	토끼풀 · 220
참소리쟁이 · 188	짚신나물 · 222
가락지나물 · 190	애기똥풀 · 224
주름잎 · 192	명아주 · 226
갯방풍 · 194	삼백초 · 228
딱지꽃 · 196	곤달비 · 230
기린초 · 198	석잠풀 · 232
원추리 · 200	쇠비름 · 234
천남성 · 202	달맞이꽃 · 236
엉겅퀴 · 204	자귀풀 · 238
솔나물 · 206	도라지 · 240
질경이 · 208	뚝갈 · 242
메꽃 · 210	마타리 · 244
사상자 · 212	꼭두서니 · 246
	박하 · 248
	익모초 · 250
	마편초 · 252
	박주가리 · 254
	어리연 · 256

피막이풀 · 258
바늘꽃 · 260
마름 · 262
부처꽃 · 264
차풀 · 266
비수리 · 268
참나리 · 270
쑥 · 272
망초 · 274
개망초 · 276
잔대 · 278
계요등 · 280
미나리 · 282
활나물 · 284
오이풀 · 286
문주란 · 288
무릇 · 290
우산나물 · 292
매듭풀 · 294
함초 · 296

03_ 가을에 피는 산야초

번행초 · 300
쇠서나물 · 302
고들빼기 · 304
쑥부쟁이 · 306
강아지풀 · 308
등골나물 · 310
고마리 · 312
갈대 · 314
모시대 · 316
배풍등 · 318
뚱딴지 · 320
단풍취 · 322
개미취 · 324
멸가치 · 326
더덕 · 328
억새 · 330
삽주 · 332

· 찾아보기 · 334

■ 머리말

야생화野生花는 산이나 들에서 절로 나고 자라는 꽃들이다.
국화, 장미, 튤립, 백합…… 우리 주변의 꽃들은 원래 야생화였다. 옛날에는 모두 산과 들에 피어나는 한 송이 야생화였던 것이다. 어찌 보면 꽃은 자연이 빚어낸 가장 아름다운 예술작품일 것이다. 그래서일까? 꽃을 보면 누구나 갖고 싶은 마음이 드는 것은…….

꽃을 보면 사랑하는 마음이 들고, 사랑하는 꽃을 더 아름답게 꾸미고, 더 내 마음에 들게 바꾸고 싶은 욕망은 어느 시대에나 마찬가지였으리라. 그 마음이 꽃을 개량시켜왔고, 지금도 끊임없이 꽃을 개량하고 있다. 그래서 현재는 산과 들보다도 화원에 더 많은 종류의 꽃이 있게 된 것이다.
하지만 아직까지 들로 나가면 이름 없는 꽃들이 수없이 많다.

언제라도 가까운 산이나 들로 나가보라. 하다못해 도시의 한가운데로 흐르는 강둑이라도 따라 걸어가 보라. 그곳에서 아름다운 야생화가 당신을 기다릴 것

이다. 그러나 행여 그 꽃을 꺾지는 말라. 야생화는 자연 그대로 있을 때에만 아름다운 것이지, 사람의 손에 잡히는 순간부터는 본질적인 아름다움을 상실하고 마는 것이다.

사랑스러운 작은 들꽃아!
사랑은 영원히 갖고 싶어진단다
사랑은 혼자만이 갖고 싶어진단다

그러나 사랑스러운 들꽃아!
사랑은 사랑함으로써 행복해야 한단다
사랑은 사랑받음으로써 행복해야 한단다
아! 사랑은 사랑으로 행복해야 한단다
- 조병화 시인의 『작은 들꽃』 중에서

꽃과 자연을 담는 사람들

The Wild Flowers of Korea

01
봄에 피는 산야초

노루귀 Hepatica asiatica Nakai

미나리아재비과

아직 잎이 나오기 전에 지름 약 1.5cm 정도의 작은 꽃이 백색 또는 분홍색으로 피어난다. 낙엽수림과 얕은 물가 근처 등에서 자란다. 잎은 길이 5cm 정도로 모두 뿌리에서 돋고, 긴 엽병이 있어 사방으로 퍼지며, 심장형이다. 또한 가장자리가 3개로 갈라지며 밋밋하다. 중앙열편은 삼각형이며 양쪽 열편과 더불어 끝이 뾰족하고, 이른 봄에 잎이 나올 때는 말려서 나오며, 뒷면에 털이 돋은 모습이 마치 노루의 귀와 같다.

자생지 낙엽수림 아래 **분포** 전국 **개화시기** 3~4월 **꽃색** 백색, 분홍색 등 **꽃크기** 1~1.5cm **전초외양** 직립형 **전초높이** 5~10cm **원산지** 한국 **생태** 다년초

01 봄에 피는 산야초

보춘난초 *Cymbidium goeringii*

난초과

이른 봄에 꽃이 핀다. 입술모양의 꽃잎은 흰색인데, 그 위에 붉은 적자색 반점이 있다. 낙엽수림의 응달에서 자란다. 꽃은 막질의 깍지모양으로 된 잎에 싸인, 각질의 꽃줄기 끝에 핀다. 활짝 핀 3장의 꽃잎으로 보이는 것은 꽃받침이다. 늘푸른잎은 겨울에도 시들지 않는다.

자생지 산지, 구릉의 수풀　**분포** 중부 이남 해안 삼림　**개화시기** 3~4월　**꽃색** 담황, 녹색　**꽃크기** 3~5cm　**전초외양** 직립형　**전초높이** 10~25cm　**원산지** 한국　**생태** 다년초

01 봄에 피는 산야초

얼레지 Erythronium japonicum

백합과

숲의 봄을 채색하는 대표적인 야생화. 비늘줄기에서 양질의 녹말을 채취할 수 있어, 예부터 녹말가루를 만드는 데 이용되어왔다. 꽃은 온도에 따라 피거나 닫히는데, 17~20℃ 이상에서 화피편이 열리고, 25℃에서는 완전히 뒤집어지는 등 봄의 기온 상승에 따라 표정이 바뀐다. 종자에서 꽃이 필 때까지 7년이라는 시간이 걸린다. 군생지는 오랫동안 자연이 파괴되지 않았을 때에만 볼 수 있다.

자생지 높은 산악지대 **분포** 전국 **개화시기** 3~4월 **꽃색** 홍자색 **꽃크기** 5~6cm **전초외양** 직립형 **전초높이** 15~25cm **원산지** 한국 **생태** 다년초

01 봄에 피는 산야초

변산바람꽃 Eranthis byunsanensis

미나리아재비과

아직 추위가 남아 있는 이른 봄에 꽃이 피고, 석회질 토양에서 자란다. 꽃잎으로 보이는 흰색 부분은 꽃받침이며, 일견 꽃가루로 보이는 황색 또는 녹색 부분은 퇴화한 화변에 해당하며 밀선이라고 할 수 있다. 중심에 있는 보라색 부분은 여러 개의 수술이며, 암술은 1~5개이다. 꽃은 볕을 받아 온도가 올라갈 때 피며, 어두워지면 닫힌다.

자생지 석회암이 깔린 숲 **분포** 전북 부안, 지리산 등 **개화시기** 3~4월 **꽃색** 백색 **꽃크기** 2~3cm **전초외양** 직립형 **전초높이** 10~25cm **원산지** 한국특산식물 **생태** 다년초

01 봄에 피는 산야초

꿩의바람꽃 Anemone raddeana

미나리아재비과

하얀 꽃이 줄기 끝에 한 송이 나며, 이른 봄 숲 그늘에 핀다. 육질의 굵은 뿌리줄기가 있으며, 2회 3출엽의 장타원형 잎이 달린다. 끝이 둔하고 윗부분에 둔한 톱니가 성글게 있다. 4~5월에 2~3cm의 꽃줄기 끝에 1개의 꽃이 달린다. 화변은 없으며, 꽃받침이 꽃잎 상태가 되는 것은 꿩의바람꽃 계열 꽃들의 공통된 특징이다. 꽃은 별을 받으면 피고, 구름이 끼거나 비가 내리거나 석양이 지면 꽃이 닫힌다.

자생지 산지의 숲, 풀밭 **분포** 중부 이북 **개화시기** 3~4월 **꽃색** 백색, 분홍색 **꽃크기** 3~4cm **전초외양** 직립형 **전초높이** 10~20cm **원산지** 한국 **생태** 다년초

01 봄에 피는 산야초 | 21

국화바람꽃 Anemone pseudoaltaica

미나리아재비과

눈이 쌓이는 곳에서는 눈이 녹기 시작하는 경사면 등에서 애처롭게 피어난다. 국화꽃과 비슷하다. 꿩의바람꽃과 닮았지만 강원도 이북에만 분포한다. 꽃 색깔은 진한 보라색부터 연한 보라색까지, 또는 분홍색에 가깝거나 흰색까지 다양하다. 작은 잎은 깃털 모양으로 깊게 찢어져 있다. 줄기는 자갈색이다.

분류군 미나리아재비과 **자생지** 산지의 숲, 풀밭 **분포** 강원도 이북 **개화시기** 3~5월 **꽃색** 백색, 보라색 등 **꽃크기** 2.5~4cm **전초외양** 직립형 **전초높이** 10~20cm **원산지** 한국 **생태** 다년초

01 봄에 피는 산야초

남방바람꽃 _ 한라바람꽃 Anemone flaccida

미나리아재비과

흰색 또는 옅은 분홍색 꽃을 피우며, 숲의 바닥이나 물가 주변에서 군생한다. 꽃은 하나의 줄기 사이에서 두 개의 긴 꽃자루가 나와 하늘을 보고 피는데, 햇볕을 받으면 피어나고, 이른 아침이나 저녁에는 닫힌다. 꽃잎은 없으며, 꽃받침조각이 5~7개이다.

자생지 산야의 습윤한 곳 **분포** 경남, 전남, 제주 **개화시기** 3~5월 **꽃색** 백색, 분홍색 **꽃크기** 약 2cm **전초외양** 직립형 **전초높이** 15~25cm **원산지** 한국 **생태** 다년초

01 봄에 피는 산야초 | 25

깽깽이풀 Jeffersonia dubia

미나리아재비과

높이 25cm 정도이고 원줄기가 없다. 잎은 원심모양으로 긴 잎자루 끝에 달리는데, 가장자리가 물결모양이며 끝이 오목하게 들어 있다. 전체가 딱딱하고 물에 젖지 않는다. 꽃은 붉은색을 띤 자주색으로 4~5월에 피고, 꽃줄기의 끝부분에 1개씩 달리며 잎보다 먼저 나온다.

자생지 산지의 숲 **분포** 전국 **개화시기** 3~5월 **꽃색** 자주색 **꽃크기** 약 2cm **전초외양** 직립형 **전초높이** 20~30cm **원산지** 한국, 만주 등 **생태** 다년초

01 봄에 피는 산야초

앉은부채 Symplocarpus renifolius

천남성과

이른 봄, 아직 추위가 가시지 않아 잎이 나기도 전에 꽃이 핀다. 꽃은 잎보다 먼저 1포기에 1개씩 나온다. 숲 아래 습기가 있는 장소 등에서 자란다. 꽃은 모자 모양의 특수한 불염포에 감싸인 채 노란색 타원형으로 핀다.

자생지 산지의 습지대 **분포** 전국 **개화시기** 3~5월 **꽃색** 황색꽃, 암적갈색포 **꽃크기** 10~20cm **전초외양** 직립형 **전초높이** 50~60cm **원산지** 한국 **생태** 다년초

01 봄에 피는 산야초

개보리뺑이 Lapsana apogonoides

국화과

제주도를 포함한 남부지역 들판에 흔하게 볼 수 있다. 겨울 동안 묵었던 논에서 봄에 둑새풀과 함께 볼 수 있다. 노란색 꽃이 피는데, 꽃대는 1.5~5cm이다. 근생엽은 지면 부근에 퍼지며 꽃이 필 때에도 남아 있다. 로제타모양의 근생엽 사이에서 여러 개의 줄기가 비스듬히 뻗는다. 전체에 털이 많이 나나 점차 없어진다.

자생지 논밭, 개천가 **분포** 남부지역 **개화시기** 3~5월 **꽃색** 황색 **꽃크기** 1.2~1.5cm **전초외양** 직립형 **전초높이** 4~20cm **원산지** 한국 **생태** 2년초

01 봄에 피는 산야초

민들레 Taraxacum platycarpum

국화과

전국 각처에서 볼 수 있는 식물로 줄기가 있고, '앉은뱅이'라는 별명이 있다. 이른 봄 깃털모양으로 갈라진 잎은 뿌리에서 모여 나고, 주걱모양의 긴 타원형으로 갈라진 조각은 삼각형이고 가장자리에 톱니가 있으며, 꽃줄기는 30cm 정도이다. 줄기는 겨울에 죽지만 이듬해 다시 자라는 강한 생명력이 있어, 백성과 같은 민초로 비유되기도 한다. 어린잎은 나물로, 뿌리는 해열·소염·이뇨 등의 약용으로 이용한다.

자생지 길가, 초원 **분포** 전국 **개화시기** 3~5월 **꽃색** 황색 **꽃크기** 약 4cm **전초외양** 직립형 **전초높이** 20~30m **원산지** 한국 **생태** 다년초

01 봄에 피는 산야초

흰민들레 Taraxacum albidum

국화과

한반도 원산의 토착종으로 우아한 느낌이 도는 민들레이다. 그리고 무엇보다 쓴맛이 적어 식용으로도 좋고, 약용으로도 뛰어나다고 한다. 생태원줄기가 없이 모든 잎은 뿌리에서 나와 비스듬히 서며 자란다. 서양민들레는 자가수정이 가능하여, 1년에 몇 번씩 꽃을 피워 번식이 쉽지만, 흰민들레는 암수이종으로 다른 꽃과 수정을 해야 하고, 1년에 한번밖에 꽃을 피우지 않아 번식이 어렵고 그 수도 적다고 한다.

자생지 들, 목초지 등 **분포**_전국 **개화시기** 3~5월 **꽃색** 백색 **꽃크기** 약 4cm **전초외양** 직립형 **전초높이** 15~30cm **원산지** 한국 **생태** 다년초

01 봄에 피는 산야초 35

서양민들레 Taraxacum officinale

국화과

민들레는 전 세계 약 2~4백 종이 있는 것으로 알려져 있는데, 흔히 볼 수 있는 것은 대부분이 황색의 외래종이다. 토종민들레는 백색과 연한 황색의 꽃을 피우며, 약성이 뛰어난 것으로 알려져 있다. 토종과 서양민들레의 구별은 꽃받침으로 알 수 있는데, 서양민들레는 꽃받침이 일부는 아래로 일부는 꽃잎에 붙어 있다. 그러나 토종민들레는 꽃받침이 아래로 처져 있지 않다. 그리고 서양민들레는 봄부터 가을까지 오랫동안 꽃이 핀다.

자생지 들, 목초지 등 **분포** 전국 **개화시기** 3~9월 **꽃색** 황색 **꽃크기** 약 4cm **전초외양** 직립형 **전초높이** 15~30cm **원산지** 유럽 **생태** 다년초

제비꽃 Viola mandshurica

제비꽃과

봄에 제비가 올 때쯤 꽃이 피고, 그 모양이 제비와 비슷하기 때문에 '제비꽃'이라는 이름이 붙었다. 다른 이름인 '반지꽃'은 꽃으로 반지를 만들 수 있어서 붙여진 이름이다. 또한 북쪽을 향해 꽃이 피기 때문에, 혹은 북쪽에서 외적이 쳐들어올 때쯤이면 꽃이 핀다고 해서 '오랑캐꽃'이라고 부르는 등 이름에 얽힌 유래가 많다. 줄기가 없고, 뿌리에서 잎이 모여나 옆으로 퍼진다. 꽃은 잎 사이에서 뻗은 줄기에 1개씩 핀다.

자생지 산과 들의 초지 **분포** 경기 이남 **개화시기** 4월 **꽃색** 자주색 **꽃크기** 1.5~2.5cm
전초외양 직립형 **전초높이** 약 20cm **원산지** 한국 **생태** 2년초

01 봄에 피는 산야초

앵초 Primula sieboldii

앵초과

잎은 뿌리에 뭉쳐나고 달걀 모양 또는 타원 모양이며, 끝이 둥글고 가장자리에 거치가 있다. 잎 표면에 주름이 있으며 털로 덮여 있고, 잎자루는 잎보다 1~4배 길다. 붉은 자주색 꽃이 줄기 끝에 5~20개씩 산형으로 달리고, 털이 있다.

자생지 산지의 물가나 습지 **분포** 전국 **개화시기** 4월 **꽃색** 담홍색, 홍자색 **꽃크기** 약 2cm **전초외양** 직립형 **전초높이** 15~40cm **원산지** 한국 **생태** 다년초

01 봄에 피는 산야초

처녀치마 Heloniopsis koreana

백합과

작은 꽃이 줄기 끝에 반구형으로 모여서 핀다. 산과 들의 습기가 있는 숲 가장자리, 계곡 근처, 논두렁, 풀밭 등에서 자란다. 꽃색깔은 적자색이지만, 핀 후에는 자록색으로 변한다. 잎은 늘 푸르며 겨울에도 시들지 않는다. 꽃줄기에는 비늘잎이 여러 장이며, 풀의 키는 꽃이 진 다음에 현저하게 자란다.

자생지 산과 들의 습한 곳 **분포** 전국 **개화시기** 4월 **꽃색** 적자색 **꽃크기** 1~1.5cm **전초외양** 직립형 **전초높이** 10~30cm **원산지** 한국 **생태** 다년초

01 봄에 피는 산야초 | 43

외대바람꽃 Anemone nikoensis

미나리아재비과

봄에 숲의 바닥이나 풀밭 등지에 하얀 꽃을 피운다. 남방바람꽃보다 큰 꽃이 한 줄기에 한 송이만 피며, 꽃잎처럼 보이는 꽃받침의 수가 적다. 꽃잎이 없고 꽃받침이 꽃잎 모양인데, 안쪽은 희고, 바깥쪽은 담홍자색을 띤다. 수술과 암술이 여러 개이며, 꽃밥은 황백색이다. 잎은 잘게 찢어져 있다.

자생지 산과 들의 수풀 **분포** 중부지방 **개화시기** 4~5월 **꽃색** 백색 **꽃크기** 약 4cm **전초외양** 직립형 **전초높이** 20~30cm **원산지** 한국 **생태** 다년초

01 봄에 피는 산야초 | 45

괭이눈 Chrysosplenium grayanum

범의귀과

산의 습기가 있는 곳에 황록색 포엽苞葉:하나의 꽃 또는 꽃차례를 안고 있는 소형의 잎이 나며, 마치 꽃처럼 활짝 펴서 자란다. 괭이눈이라는 이름은, 갈라져 열린 열매의 모양이 감고 있는 고양이 눈의 동공과 비슷하다고 하여 붙여진 것이다. 괭이눈과 꽃은 이 밖에도 십여 종이 있다. 꽃은 꽃잎이 없으며, 작은 꽃받침 열편 4장이 꽃줄기 끝에 밀집하여 핀다. 꽃처럼 보이는 것은 노란색 포엽이다.

자생지 습윤한 산지 **분포** 전국 **개화시기** 4~5월 **꽃색** 담황색 **꽃크기** 1~2mm **전초외양** 포복형 **전초높이** 5~20cm **원산지** 한국 **생태** 다년초

01 봄에 피는 산야초

머위 Petasites japonicus

국화과

이른 봄, 지면에서 얼굴을 내미는 작은 머윗대는 머위의 어린 꽃줄기로, 담회색 포에 감싸여 있다. 따뜻해짐에 따라 포가 열리며, 반구 형태의 꽃이 얼굴을 내민다. 꽃을 먹을 수 있는 건 이때까지이며, 이후부터 꽃줄기는 점점 자라고, 땅속줄기에서 잎도 나온다. 새싹과 잎의 꽃자루도 먹을 수 있다. 꽃의 색깔은 암그루는 흰색 계열이며, 수그루는 황백색이다. 꽃이 지고 난 초여름부터 여름에는 큰 잎만 무성해진다.

자생지 산야의 개울가 **분포** 중부 이남 **개화시기** 4~5월 **꽃색** 흰색, 황백색 **꽃크기** 약 8mm두상화 **전초외양** 직립형 **전초높이** 40~50cm **원산지** 한국 **생태** 다년초

미치광이풀 Scopolia japonica

가지과

꽃은 흙바닥과 비슷한 색깔이기 때문에 눈에 잘 띄지 않는다. 맹독성 식물로 알려져 있다. 풀 전체에 알칼로이드의 스코폴린이 함유되어 있다. 때문에 섭취할 경우 환각 증상을 일으키고, 고통을 느끼며 미친 듯이 뛰어다닌다고 한다. 그래서 이런 이름이 붙었다. 꽃에는 2~3cm의 꽃자루가 난다. 꽃색은 바깥쪽은 어두운 보라색, 안쪽은 황록색이며, 대개 밑을 보며 핀다. 꽃이 진 다음에 잎과 줄기가 크게 성장한다.

자생지 산골짜기 그늘진 곳 **분포** 충청도 이북 **개화시기** 4~5월 **꽃색** 보라색, 황록색안쪽 **꽃크기** 2~3cm **전초외양** 직립형 **전초높이** 30~60cm **원산지** 한국 **생태** 다년초

01 봄에 피는 산야초 | 51

할미꽃 Pulsatilla koreana

미나리아재비과

풀 전체에 흰털이 밀생하며, 종 모양의 가냘픈 꽃이 아래를 보고 난다. 꽃이 진 다음에 나는, 깃털 모양의 열매가 할머니의 하얀 머릿결 같다 하여 할미꽃이라고 한다. 종 모양의 꽃은 꽃받침이며, 바깥쪽은 털에 감싸여 있다. 꽃잎은 없으며, 수술과 암술이 많다. 수분受粉이 되고 나면 꽃은 위를 보며, 꽃대가 뻗어나가면서 처음에는 실 모양이었다가 서서히 깃털처럼 변하면서 날아간다.

자생지 산과 들의 풀밭 **분포** 전국제주도 제외 **개화시기** 4~5월 **꽃색** 암적자색 **꽃크기** 약 3cm **전초외양** 직립형 **전초높이** 30~40cm **원산지** 한국 **생태** 다년초

01 봄에 피는 산야초 | 53

홀아비꽃대 Chloranthus japonicus

홀아비꽃대과

수풀의 응달진 곳에서 하얗고 작은 꽃이 피며, 이름과 제법 어울린다. 꽃보다 잎이 더 크고, 꽃잎은 없으며, 수술은 자방을 감싸고 있다. 꽃봉오리가 4장의 잎에 감싸여 있으며, 꽃이 피면 잎도 옆으로 열린다. 잎은 가까이서 마주나기 때문에 돌려나는 것처럼 보인다. 줄기는 똑바로 서 있다.

자생지 응달진 수풀 **분포** 전국 **개화시기** 4~5월 **꽃색** 백색 **꽃크기** 4~5mm **전초외양** 직립형 **전초높이** 20~30cm **원산지** 한국 **생태** 다년초

광릉요강꽃 Cypripedium japonicum

난초과

꽃은 원줄기 끝에서 1개가 밑을 향해 달리며, 지름 8cm 정도로서 연한 녹색이 도는 적색이다. 꽃이 달리는 줄기는 길이 15cm 정도로서 털이 많으며, 윗부분에 잎 같은 포가 1개 달린다. 꽃의 안쪽 밑 부분에 털이 있으며, 꽃의 전체 모양은 주머니 같고 백색 바탕에 홍자색의 맥이 있다. 부채모양의 큰 잎은 2장이 매우 가까이서 쌍생한다. 잎에서 윗부분은 줄기가 아니라 꽃줄기이다.

자생지 산지, 구릉의 수풀 **분포** 경기 북쪽지역 **개화시기** 4~5월 **꽃색** 백색 바탕에 홍자색 **꽃크기** 약 8cm **전초외양** 직립형 **전초높이** 20~40cm **원산지** 한국, 중국, 일본 **생태** 다년초

금난초 Cephalanthera falcata

난초과

봄날, 잡목림 등의 응달에서 똑바로 쭉 뻗은 줄기 끝에 노란색 꽃이 핀다. 다른 풀들이 자라기도 전에 높이 자라 아름다운 꽃을 피우는데, 독특한 품격이 느껴진다. '금난초金蘭草'라는 이름은 꽃의 노란색을 금색으로 비유한 것이다. 꽃은 밥그릇 모양으로 열리는데, 반만 열리며 완전하게 활짝 피지는 않는다. 잎은 끝이 뾰족하고 기부는 줄기를 감싸 안으며, 10장 내외가 2열로 쌍생한다. 두터운 편이다.

자생지 산지, 구릉의 수풀 **분포** 경기 이남, 울릉도 **개화시기** 4~5월 **꽃색** 황색 **꽃크기** 약 1cm **전초외양** 직립형 **전초높이** 40~70cm **원산지** 한국 **생태** 다년초

01 봄에 피는 산야초

석곡난초 Dendrobium moniliforme

난초과

나무 위에 착생하는 난초이다. 향기가 나는 백색 또는 연한 적색의 꽃이 핀다. 온지에서 자라는 삼림의 노목 또는 바위 위에서 자란다. 꽃은 잎이 떨어진 그 전해의 줄기에서 2송이씩 달린다. 잎은 딱딱하며, 기부는 막질의 깍지가 되어 줄기를 감싼다. 줄기는 원주형으로 직경이 3~6mm이고 마디가 많으며, 기부 쪽에 흰색의 굵은 뿌리가 많이 난다. 줄기에는 수분이 비축되며, 약간의 건조함을 견딜 수 있는 구조이다.

자생지 산지의 나무 위 **분포** 경남, 전남, 제주도 **개화시기** 4~5월 **꽃색** 백색~담홍색 **꽃크기** 약 2.5cm **전초외양** 직립형 **전초높이** 10~30cm **원산지** 한국, 중국, 일본 **생태** 다년초

01 봄에 피는 산야초

중의무릇 Gagea lutea Ker-Gawl.

백합과

봄날의 햇살을 받으며 작은 꽃이 피고, 석양이 질 무렵이 되면 꽃잎을 닫는다. 꽃은 줄기 끝에 3~10개 정도 핀다. 이 종류의 꽃들은 대개 1그루에 1송이의 꽃이 피지만, 중의무릇은 꽃이 많이 핀다. 꽃잎과 수술은 6개이고, 암술은 1개이다. 꽃색은 안쪽은 노랗고, 바깥쪽은 녹색이다. 잎은 폭이 조금 넓은 선형이며 줄기보다 길다. 꽃줄기 끝에서 2장의 포엽이 난다. 땅속 비늘줄기는 난형이며, 길이는 1.5cm이다.

자생지 산과 들의 초원 **분포** 중부지역의 산지 **개화시기** 4~5월 **꽃색** 황색+녹색 **꽃크기** 1.2~1.5cm **전초외양** 직립형 **전초높이** 15~20cm **원산지** 한국 **생태** 다년초

나도개감채 Lloydia triflora

백합과

깊은 산의 숲과 풀밭에서 하얀 바탕에 녹색 세로 선이 들어가 있는 꽃이 꽃줄기 끝에 핀다. 봄에 피는데도 반음지를 좋아하는 식물로 흔하게 볼 수 있는 품종은 아니다. 꽃잎에는 겉은 진하고 안은 잔잔한 녹색 맥이 있다. 수술은 6개이고, 꽃밥은 노란색이다. 2~3장의 줄기잎이 쌍생한다.

자생지 깊은 산지의 초원 **분포** 강원도, 지리산 등 **개화시기** 4~5월 **꽃색** 백색 **꽃크기** 1~1.5cm **전초외양** 직립형 **전초높이** 10~25cm **원산지** 한국, 일본, 만주 등 **생태** 다년초

01 봄에 피는 산야초

은방울꽃 Convallaria keiskei

백합과

큰 잎 아래에서 종 모양의 꽃이 땅을 보고 핀다. 꽃의 모양이 은방울을 닮아서 은방울꽃이라는 이름이 붙었으며, 향기가 은은하여 고급향수를 만드는 재료로 쓰기도 한다. 어린잎은 식용한다. 은방울꽃은 우리나라 산야에 비교적 흔하게 나는 품종이다.

자생지 산지의 초원 **분포** 전국 **개화시기** 4~5월 **꽃색** 백색 **꽃크기** 6~8mm **전초외양** 직립형 **전초높이** 20~35cm **원산지** 한국 **생태** 다년초

01 봄에 피는 산야초

애기나리 Disporum smilacinum

백합과

산지나 구릉 등 숲속 응달 등에서 작고 귀여운 꽃을 피운다. 꽃은 줄기 끝에 비스듬하게 땅을 보고 핀다. 꽃잎은 절반 정도가 열려 있으며, 활짝 피지는 않는다. 수술 6개, 암술 1개이다. 꽃이 진 다음에는 직경 1cm의 동그란 열매가 맺히는데, 검게 익는다.

자생지 산지, 구릉의 숲 **분포** 중부 이남 **개화시기** 4~5월 **꽃색** 백색 **꽃크기** 1~2cm **전초외양** 직립형 **전초높이** 15~40cm **원산지** 한국 **생태** 다년초

01 봄에 피는 산야초

금전초 Glechoma hederacea var.

꿀풀과

우리나라 어디서나 볼 수 있는 여러해살이풀로 '긴병꽃풀'이라고도 부른다. 약용 자생식물들 중에 놀랄만큼 뛰어난 약효를 보여서 활혈단活血丹: '죽은피를 다시 살린다'는 뜻이란 이름도 있다. 줄기는 네모나고 털이 있으며, 잎은 마주나고 둥근신장형으로 가장자리에 부드러운 톱니가 있다.

자생지 초지, 산기슭 **분포** 전국 **개화시기** 4~5월 **꽃색** 홍자색 **꽃크기** 1.5~2.5cm
전초외양 직립형 **전초높이** 30~50cm **원산지** 한국, 중국 등 **생태** 다년초

01 봄에 피는 산야초

광대나물 Lamium amplexicaule

꿀풀과

전국 각지의 햇빛이 잘 드는 비옥한 땅에서 자란다. 마치 남사당패의 무동이 어깨 위에서 춤추는 모습처럼 꽃이 피어난다. 뿌리 부근에서 여러 갈래의 줄기가 나오고, 네모난 줄기 마디마다 층을 이뤄 잎이 마주 달린다. 광대나물의 씨는 싹이 잘 트고 오래 생존하며 바람, 비, 동물을 통해 퍼져나간다. 어린잎은 나물로 먹는다.

자생지 초지, 산기슭 **분포** 전국 **개화시기** 4~5월 **꽃색** 홍자색 **꽃크기** 1.7~2cm **전초외양** 직립형 **전초높이** 10~30cm **원산지** 한국 **생태** 다년초

01 봄에 피는 산야초 | 73

뚜껑별꽃 Anagallis arvensis

앵초과

꽃은 청자색이고 잎겨드랑이에 1송이씩 달린다. 열매가 익으면 가운데 부분이 갈라지면서 뚜껑이 열리고, 많은 수의 종자가 널리 퍼져 붙여진 이름이다. 줄기는 여러 개가 뭉쳐나고 네모지며, 옆으로 뻗다가 비스듬히 선다. 잎은 마주나고, 가장자리는 밋밋하고 끝이 뾰족하다.

자생지 해안 근처 **분포** 제주도, 남부지방 **개화시기** 4~5월 **꽃색** 청자색 **꽃크기** 1~1.3cm **전초외양** 직립형 **전초높이** 10~30cm **원산지** 한국 **생태** 1~2년초

01 봄에 피는 산야초 | 75

대극 *Euphorbia jolkinii*

대극과

남부지방의 바닷가, 돌이 많은 곳에서 자란다. 줄기는 곧게 서고, 굵으며, 털이 없다. 잎은 어긋나고 빽빽이 달리며 바소꼴로 끝이 둔하고, 밑부분이 좁아지며, 가장자리는 밋밋하다. 최근에는 백령도에서도 발견되었다. '암대극'이라고도 한다.

자생지 해안가 암석지 **분포** 남부지방 **개화시기** 4~5월 **꽃색** 황록색 **꽃크기** 약 3mm
전초외양 직립형 **전초높이** 40~80cm **원산지** 한국 **생태** 다년초

01 봄에 피는 산야초

애기풀 Polygala japonica

원지과

뿌리에서 여러 대의 줄기가 나와 곧게 또는 비스듬히 자라며 전체에 회갈색 털이 있고, 잎은 긴 타원형으로 어긋나게 달린다. 간혹 잎에 자주색이 돌기도 하며, 끝이 뾰족하고, 가장자리가 밋밋하다. 꽃은 줄기 윗부분의 잎겨드랑이에 짧은 총상꽃차례를 이루며 달린다. 잎이나 생김새가 모두 애기처럼 작아 보여 붙여진 이름이라 한다.

자생지 양지바른 풀밭 **분포** 전국 **개화시기** 4~5월 **꽃색** 자주색 **꽃크기** 1cm 이하 **전초외양** 직립형 **전초높이** 10~20cm **원산지** 한국 **생태** 다년초

01 봄에 피는 산야초 | 79

자운영 Astragalus sinicus

콩과

야지의 풀밭 등에서 자라는데, 붉은토끼풀 꽃을 닮았다. 줄기는 사각형이고, 밑에서 가지가 많이 갈라져 옆으로 자라다 곧게 선다. 잎은 1회 깃꼴겹잎으로 타원형이며, 끝이 둥글거나 파형이다. 꽃은 잎겨드랑이에서 나온 꽃대에 7~10개의 나비모양의 홍자색 꽃이 산형으로 달린다. 중국 원산인 2년생 초본인데, 풋거름으로 쓰기 위해 논밭에서 심어 기르던 것이 퍼져 나가 자라고 있다. 어린줄기, 어린순을 무쳐 나물로 먹는다.

자생지 풀밭 **분포** 남부지방 **개화시기** 4~5월 **꽃색** 홍자색 **꽃크기** 약 1.5cm **전초외양** 포복형 **전초높이** 10~25cm **원산지** 한국 **생태** 2년초

01 봄에 피는 산야초

뱀딸기 Duchesnea chrysantha

장미과

들이나 산기슭의 양지바른 곳에서 흔히 자란다. 줄기는 옆으로 뻗어 자라고 마디에서 새로운 뿌리를 내린다. 줄기는 마치 뱀이 기어가듯 길게 뻗어나간다. 잎은 어긋나고 3장의 홑잎으로 이루어졌으며, 꽃은 잎겨드랑이에서 꽃대가 나와 노란색으로 핀다. 둥그런 열매는 딸기와 비슷하나, 맛은 그리 좋지 않다. 하지만 최근 뱀딸기가 항암기능과 각종 질병에 대한 면역증강효과가 뛰어나다는 학계 보고가 있다.

자생지 들이나 산기슭 **분포** 전국 **개화시기** 4~5월 **꽃색** 황색 **꽃크기** 0.5~1cm **전초외양** 포복형 **전초높이** 10~25cm **원산지** 한국, 중국 등 **생태** 다년초

01 봄에 피는 산야초

양지꽃 Potentilla fragarioides var.

장미과

양지바른 풀밭에서 자란다. 줄기는 비스듬히 서고, 잎과 함께 전체에 털이 있다. 뿌리잎은 뭉쳐 나와 비스듬히 퍼지고, 줄기잎은 3~15개의 깃꼴복엽으로 털이 많고 가장자리에 톱니가 있다. 꽃은 노란색으로 모여 핀다.

자생지 양지바른 풀밭 **분포** 전국 **개화시기** 4~5월 **꽃색** 황색 **꽃크기** 1.5~2cm **전초외양** 포복형 **전초높이** 덩굴성 **원산지** 한국 **생태** 다년초

01 봄에 피는 산야초

갯무 Raphanus sativus var.

십자화과

무가 야생화한 것으로, 뿌리가 무보다 가늘고 딱딱하며 잎도 더 작다. 무와 비교하면 매운맛과 향이 강하고 야생미가 있다. 잎과 뿌리는 아삭아삭 씹히는 맛이 있다. 뿌리와 줄기의 경계가 뚜렷치 않고, 뿌리잎은 깃꼴복엽으로 딱딱한 털이 있고, 깊게 갈라져 있으며 무보다 잎이 작다.

자생지 바닷가 모래땅 **분포** 전국 **개화시기** 4~5월 **꽃색** 담홍자색 **꽃크기** 약 2cm **전초외양** 직립형 **전초높이** 약 1m **원산지** 지중해 지방 **생태** 2년초

황새냉이 Cardamine flexuosa

십자화과

논밭 근처나 습지에서 흔히 군락을 이루며 자라는 두해살이풀이다. 밑에서 가지가 많이 갈라져 퍼지고, 줄기 밑부분은 털이 있고, 흑자색을 띤다. 잎은 어긋나고 깃꼴겹잎으로 잔털이 있고, 끝에 달려 있는 잔잎이 가장 크다.

자생지 논밭, 습지 **분포** 전국 **개화시기** 4~5월 **꽃색** 백색 **꽃크기** 3~4mm **전초외양** 직립형 **전초높이** 15~30cm **원산지** 한국 **생태** 2년초

01 봄에 피는 산야초 | 89

갯장대 Arabis stelleri var.

십자화과

바닷가 모래땅이나 바위틈에 자라는 해넘이풀로 줄기는 곧게 또는 비스듬히 자란다. 뿌리잎은 타원형으로 두껍고 가장자리에 톱니가 다소 있고, 줄기잎은 긴 타원형으로 불규칙한 톱니가 있다. 꽃은 원줄기 끝에 총상꽃차례로 달린다.

자생지 바닷가 모래땅 **분포** 울릉도, 제주도 **개화시기** 4~5월 **꽃색** 백색 **꽃크기** 7~9mm **전초외양** 직립형 **전초높이** 20~40cm **원산지** 한국 **생태** 2년초

01 봄에 피는 산야초 | 91

자주괴불주머니 Corydalis incisa

현호색과

산기슭의 그늘진 곳에서 자란다. 긴 뿌리 끝에서 여러 대의 줄기가 자라 가지가 갈라진다. 뿌리잎은 세모꼴달걀형으로 3개씩 3회 갈라지고, 잎자루는 위로 갈수록 짧아진다. 줄기잎도 비슷하며 어긋난다. 유독식물이지만, 한방에서는 뿌리를 비롯해 모든 부분을 약재로 쓴다.

자생지 조금 습한 산기슭 **분포** 제주도, 전라도 **개화시기** 4~5월 **꽃색** 자주색 **꽃크기** 1~2cm **전초외양** 직립형 **전초높이** 약 20cm **원산지** 한국 **생태** 2년초

01 봄에 피는 산야초

갯괴불주머니 Corydalis heterocarpa var.

현호색과

해안 근처의 길가나 모래땅에 서식한다. 녹색의 줄기와 잎에 분을 바른 듯한 빛이 돌고, 줄기를 자르면 불쾌한 냄새가 난다. 줄기는 굵고 여러 개가 모여 나온다. 잎은 넓은 세모꼴의 난형으로 어긋나며, 2~3회 깃꼴로 갈라져 있다. 꽃은 황색이지만 끝에 자주색 무늬가 있다.

자생지 바닷가 모래땅 **분포** 제주도, 울릉도 **개화시기** 4~5월 **꽃색** 황색+자주색 무늬 **꽃크기** 1.5~2cm **전초외양** 직립형 **전초높이** 40~60cm **원산지** 한국 **생태** 2년초

개구리발톱 Aquilegia adoxoides

미나리아재비과

개구리발톱은 개구리와 발톱이 차용되어 형성된 말로, 서식지 부근에 개구리가 많은 것에서 개구리를, 발톱은 꽃모양이 매발톱과 유사한 것에서 유래된 이름이라 한다. 키가 작은 풀로, 위쪽에서 가지가 갈라지고, 뿌리는 양분을 저장하는 통통하고 검은 덩이줄기를 갖고 있다. 뿌리잎은 윗부분이 녹색이고 뒷면이 흰색을 띠며, 3개의 소엽으로 구성되어 있다. 소엽은 다시 2~3개로 갈라진다.

자생지 덤불, 풀밭, 숲가 **분포** 제주도, 호남지방 **개화시기** 4~5월 **꽃색** 백색 **꽃크기** 5~6mm **전초외양** 직립형 **전초높이** 15~30cm **원산지** 한국 **생태** 다년초

01 봄에 피는 산야초

개구리자리 Ranunculus sceleratus

미나리아재비과

개구리가 있는 곳에서 자란다고 해 붙여진 이름으로 '놋동이풀', '늪바구지'라고도 한다. 줄기는 곧게 서고, 비교적 털이 없어 매끈하며 윤기가 있고, 속이 비어 있다. 뿌리잎은 무더기로 나고, 줄기잎은 잎자루가 길며 깊게 갈라진 채 어긋난다. 꽃은 줄기나 가지 끝에 황색으로 핀다.

자생지 물가, 습지 **분포** 전국 **개화시기** 4~5월 **꽃색** 황색 **꽃크기** 6~8mm **전초외양** 직립형 **전초높이** 약 50cm **원산지** 한국 **생태** 2년초

벼룩나물 Stellaria alsine

석죽과

별꽃과 달리 식물체가 전체적으로 연약해 보이고, 줄기가 가늘다. 잎도 굵은 쌀알 정도의 크기로 작고 왜소해 붙여진 이름인 듯하다. 줄기에는 털이 없고, 가는 실모양의 줄기가 많이 갈라져 자란다. 잎은 긴타원형으로 마주나고, 가장자리가 밋밋하다. 꽃은 흰색으로 취산꽃차례를 이루며 줄기 끝에 핀다.

자생지 논·밭두렁, 물가 **분포** 전국 **개화시기** 4~5월 **꽃색** 백색 **꽃크기** 5~7mm **전초외양** 포복형 **전초높이** 15~25cm **원산지** 한국 **생태** 2년초

01 봄에 피는 산야초 | 101

산자고 Tulipa edulis

백합과

산지의 양지바른 풀밭에서 자라고, 알뿌리가 있는 식물이다. 비늘줄기는 원형으로 비늘조각 안쪽에 갈색털이 빽빽이 나고, 뿌리잎은 선형으로 2개이며 털이 없고 줄기를 감싼다. 식용으로도 쓰이고, 한방에서 비늘줄기는 종기를 없애고 종양을 치료하는 데 이용된다.

자생지 산과 들의 양지 **분포** 중부 이남 **개화시기** 4~5월 **꽃색** 백색 **꽃크기** 2~2.5cm **전초외양** 직립형 **전초높이** 15~30cm **원산지** 한국 **생태** 다년초

01 봄에 피는 산야초

광대수염 Lamium album var.

꿀풀과

윗부분의 잎겨드랑이에 여러 단에 걸쳐 줄기를 빙 둘러싸고 피며, 밑에서부터 순서대로 개화하며 올라간다. 꽃 색깔은 개체마다 차이가 나며, 흰색에서 분홍색에 가까운 것까지 다양하다. 줄기는 사각형이고, 뿌리에서부터 쭉 뻗어서 자라고, 대체로 군생한다. 마디 부분에 긴 털이 난다.

자생지 산야의 풀밭 **분포** 전국 **개화시기** 4~6월 **꽃색** 흰색~담홍자색 **꽃크기** 2.5~3cm **전초외양** 직립형 **전초높이** 30~50cm **원산지** 한국 **생태** 다년초

01 봄에 피는 산야초

벌깨덩굴 Meehania urticifolia

꿀풀과

보라색의 큰 꽃들이 5월경에 피는데, 줄기 윗부분에 한쪽을 향해 4~7개 정도 달린다. 산지의 그늘진 곳에서 자란다. 향기가 나며, 줄기는 사각이고 5쌍 정도의 잎이 달린다. 길고 흰 털이 드문드문 나고, 꽃이 진 다음 옆으로 덩굴이 자라면서 마디에서 뿌리가 내려 다음해의 꽃줄기가 된다.

자생지 산지의 그늘진 곳 **분포** 전국 **개화시기** 4~6월 **꽃색** 보라색 **꽃크기** 4~5cm **전초외양** 직립형 **전초높이** 15~30cm **원산지** 한국 **생태** 다년초

01 봄에 피는 산야초

윤판나물 Disporum uniflorum Baker

백합과

가늘고 긴 꽃차례가 아래쪽을 보고 핀다. 겉모습만 보면 둥굴레와 구별이 쉽지 않다. 전체적으로 털이 없고 잎은 끝이 뾰족하다. 땅속줄기는 짧고, 땅위줄기는 곧게 서며 갈라진다. 주걱 모양의 화피는 6장이 모여 통 모양을 이루며, 암술의 끝은 3갈래로 갈라진다. 이름에서도 알 수 있듯이, 어린순은 나물로 먹거나 국을 끓여 먹는다. 뿌리는 비장이 허하거나 장염, 대장 출혈이 있을 때 약용한다.

자생지 산지, 구릉의 숲 **분포** 중부 이남 산지 **개화시기** 4~6월 **꽃색** 황색 **꽃크기** 약 2cm **전초외양** 직립형 **전초높이** 30~60cm **원산지** 한국 **생태** 다년초

01 봄에 피는 산야초

꽃마리 Trigonotis peduncularis

지치과

꽃마리는 꽃이 필 때 태엽처럼 둘둘 말려 있던 꽃들이 퍼지면서 밑에서부터 한 송이씩 피기 때문에 붙여진 이름이다. 줄기는 밑에서 가지가 갈라져 마치 많이 모여 있는 듯한 모습을 하고 있고, 전체에 짧은 털이 있다. 잎은 어긋나고 달걀형이며, 가장자리는 밋밋하다. 이른 봄 해가 잘 드는 양지에 모여 피어 봄을 알린다.

자생지 들, 밭, 길가 **분포** 전국 **개화시기** 4~6월 **꽃색** 담청색 **꽃크기** 약 2mm **전초외양** 직립형 **전초높이** 10~30cm **원산지** 한국 **생태** 2년초

꽃다지 Draba nemorosa

십자화과

전국의 양지바른 산이나 들에서 자란다. 식물 전체에 별처럼 생긴 털이 있다. 줄기는 곧게 서며, 줄기 옆에서 많은 가지가 나온다. 뿌리잎은 무리져서 퍼지고, 줄기잎은 어긋나며 긴 타원형으로 끝이 뾰족하며 톱니가 있다. 꽃은 황색으로 줄기와 가지 끝에 총상꽃차례로 핀다.

자생지 양지바른 산과 들 **분포** 전국 **개화시기** 4~6월 **꽃색** 황색 **꽃크기** 1~2cm **전초외양** 직립형 **전초높이** 약 20cm **원산지** 한국 **생태** 2년초

01 봄에 피는 산야초 | 113

백작약_산작약 Paeonia japonica

작약과

산의 수풀 속에 조용히 하얀 꽃을 피운다. 다수의 노란색 수술과 붉은색 암술대를 지닌 암술 2~4개가 반쯤 열린 꽃잎 사이로 드러난 모습이 아름답다. 작약은 먼 옛날 중국에서 약재로 건너왔다. 현재 많은 원예종이 나와 있지만 야생종은 '백작약 산작약'과 '적작약' 2종이다. 꽃은 한 겹이며, 한 번에 활짝 피지 않는다. 열매는 가을에 익고, 둥근 공 모양의 검은색 씨와 익지 않는 붉은 종자가 많이 열린다.

자생지 산지의 밝은 숲 **분포** 전국 **개화시기** 4~6월 **꽃색** 백색 **꽃크기** 4~5cm **전초외양** 직립형 **전초높이** 40~50cm **원산지** 한국 **생태** 다년초

개별꽃 Pseudostellaria heterantha

석죽과

하얀 꽃에 보이는 수술의 보라색 꽃밥이 앙증맞다. 산속 숲 그늘에서 자라며, 꽃은 가지 윗부분 잎겨드랑이에서 나온 꽃자루 끝에 핀다. 꽃잎은 5장이며, 위를 보고 핀다. 꽃잎에 난, 파도 모양의 주름이 무늬처럼 보인다.

자생지 신갈나무 군락지　**분포** 전국　**개화시기** 4~6월　**꽃색** 백색　**꽃크기** 약 1.5cm　**전초외양** 직립형　**전초높이** 8~12cm　**원산지** 한국, 일본　**생태** 다년초

01 봄에 피는 산야초 | 117

솜나물 Leibnitzia anandria Turcz.

국화과

산과 들의 풀밭에서 자라며, 봄과 가을에 두 번 꽃이 피는 다년생 초본이다. 봄에는 뒷면에 붉은빛이 도는 흰색의 작은 설상화를 피우고, 가을에는 닫힌꽃 상태로 피며, 꽃이 크고 선형의 포엽이 드문드문 난다. 잎은 뿌리에서 나오는데, 봄에는 작은 난형으로 솜털이 덮인다. 가을에 나는 잎은 커다란데, 가장자리에 불규칙한 톱니가 있다. 여름에서 가을에 걸쳐 꽃줄기가 높이 자라며, 가을에는 봄보다 훨씬 높은 위치에 꽃을 맺는다.

자생지 산야의 숲 **분포** 전국 **개화시기** 4월, 9월 **꽃색** 흰색뒷면은 보라색 **꽃크기** 1~2cm **전초외양** 직립형 **전초높이** 10~20cm **원산지** 한국 **생태** 다년초

01 봄에 피는 산야초

은난초 Cephalanthera erecta

난초과

청결한 분위기의 하얀 꽃이 봄날의 수풀에 핀다. 꽃 이름은 그 색깔을 은색으로 비유한 것이다. 꽃은 줄기 끝에 나는데, 금난초보다 적은 송이가 피며, 개화해도 그다지 많은 꽃이 피지는 않는다. 잎의 수도 적어서 3~6장 정도가 나온다. 풀의 키도 낮은 편이어서 전체적으로 금난초보다 작다.

자생지 산지, 구릉의 수풀 **분포** 전국 **개화시기** 5월 **꽃색** 백색 **꽃크기** 약 1cm **전초외양** 직립형 **전초높이** 30~60cm **원산지** 한국 **생태** 다년초

등대풀 Euphorbia helioscopia

대극과

남해의 다도해 섬지방, 중부 이남 들녘의 논둑이나 밭둑, 바닷가 모래땅에 많이 자라는 유독성식물이다. 가을에 새순이 나와 다음해 봄에 무성하게 자란다. 적황색 줄기를 자르면 흰색의 유액이 나오는데, 이것이 피부에 닿으면 옻이 옮는다. 잘못 먹으면 입이나 위의 점막이 짓무르고 구토, 복통, 설사 등을 일으킨다. 줄기 끝에 5장의 커다란 잎이 윤생하는데, 이것이 등불을 밝히는 등대와 비슷하다고 해서 지어진 이름이다.

자생지 산과 들의 초지 **분포**_경기 이남 **개화시기** 5월 **꽃색** 황록색 **꽃크기** 2~3cm **전초외양** 직립형 **전초높이** 약 20cm **원산지** 한국 **생태**_2년초

냉이 Capsella bursa-pastoris

십자화과

전국 도처에서 볼 수 있는 식물로, 이른 봄 하얀색으로 꽃을 피워 봄을 알려준다. 이른 봄 새싹을 캐어 나물, 국거리, 김치 등을 해먹는데 춘곤증 예방에 아주 좋다. 전체에 털이 있고 뿌리잎은 뭉쳐나고, 줄기잎은 어긋나며 위로 올라갈수록 작아지는 피침형으로 줄기를 감싼다.

자생지 길가, 들 **분포** 전국 **개화시기** 5월 **꽃색** 백색 **꽃크기** 약 3mm **전초외양** 직립형 **전초높이** 10~50cm **원산지** 한국 **생태** 2년초

진황정 Polygonatum falcatum

백합과

산지의 숲속에서 자란다. 뿌리줄기는 옆으로 뻗고 굵으며, 마디 간격이 짧고 군데 군데에서 줄기가 나온다. 녹색이 도는 백색의 꽃이 주렁주렁 매달리며 핀다. 꽃은 잎겨드랑이에서 나온 꽃줄기가 가지를 나눈 그 끝에, 3~5개씩 핀다. 얼핏 보면 둥굴레와 비슷하여 구분이 어렵지만 잎이 약간 길쭉한 게 다르고, 꽃이 더 일찍, 더 많이 핀다. 원주형 줄기가 똑바로 곧추서다 윗부분에 가면 활 모양으로 휘어진다.

자생지 산지의 숲속 **분포** 전국 **개화시기** 5월 **꽃색** 녹색이 도는 백색 **꽃크기** 1.8~2.3cm **전초외양** 직립형 **전초높이** 50~80cm **원산지** 한국 **생태** 다년초

01 봄에 피는 산야초

바위취 Saxifraga stolonifera

범의귀과

숲속 물기 있는 바위틈에 잘 자란다고 해서 붙여진 이름이다. 잎은 뿌리줄기에서 뭉쳐나는데, 신장모양으로 흰색 무늬가 있다. 어린잎에 부드러운 털이 촘촘히 난 모습이 호랑이 귀를 닮았다고 해서 '범의귀'라고도 한다. 그리고 활짝 핀 꽃이 한자의 대大자를 닮았다 하여 '대문자大文字' 꽃이라고도 한다. 번식력이 왕성하고 추위에 강해, 다른 잎이 져버린 한겨울에도 보송한 털을 덮은 채 바위틈에 웅크리고 있다.

자생지 습한 바위틈 **분포** 중부 이남 **개화시기** 5월 **꽃색** 백색 **꽃크기** 1.5~2.5cm **전초 외양** 포복형 **전초높이** 40~60cm **원산지** 한국 **생태** 다년초

01 봄에 피는 산야초 | 129

선갈퀴 Asperula odorata L.

꼭두서니과

흰색 작은 꽃과 줄기에 돌려나는 잎이 특징이다. 녹색 잎 끝에 흰색 꽃이 화사하게 피어난다. 마르면 전체에서 독특한 향이 난다. 유럽에서는 허브로서 와인의 향을 내거나 방충제 등으로 사용한다. 학명인 아스페룰라Asperula는 '거칠다'라는 뜻으로, 잎이 꺼칠꺼칠한 데서 유래했다.

자생지 산지의 그늘진 곳 **분포** 울릉도, 중부 이북 **개화시기** 5~6월 **꽃색** 흰색 **꽃크기** 4~5mm **전초외양** 직립형 **전초높이** 20~30cm **원산지** 한국 **생태** 다년초

큰꽃으아리 Pulsatilla koreana

미나리아재비과

백색의 꽃이 가지 끝에 1개씩 아름답게 달린다. 하지만 실제로는 꽃잎이 없고, 꽃잎처럼 보이는 꽃받침조각이 6~8개가 있다. 하얀 부분은 꽃받침이고, 가운데 보라색 부분은 많은 수의 수술 꽃밥이다. 우리나라 전국 각처의 숲속이나 산기슭의 가장자리 양지바른 곳에서 흔하게 자란다. 내한성이 강하고, 바닷가나 도심지에서도 비교적 잘 자란다. 한국 원산으로 중국, 만주 등지에 분포한다.

자생지 산지의 숲 **분포** 전국 **개화시기** 5~6월 **꽃색** 백색 **꽃크기** 10~15cm **전초외양** 직립형덩굴성 **전초높이** 2~4m **원산지** 한국 **생태** 다년초

01 봄에 피는 산야초 | 133

적작약 Paeonia lactiflora Pall.

작약과

꽃은 5~6월에 피고, 백색 또는 적색이며, 원줄기 끝에 큰 꽃이 1송이씩 달린다. 일반적으로 작약이라고 하면 이 적작약을 말한다. 꽃을 받치고 있는 잎은 5개로서 가장자리가 밋밋하며 녹색이고, 끝까지 남아 있다. 꽃잎은 10개 정도로서 도란형이고, 수술은 많으며 황색이다.

자생지 산지의 밝은 숲 **분포** 전국 **개화시기** 5~6월 **꽃색** 적색, 백색 등 **꽃크기** 6~10cm
전초외양 직립형 **전초높이** 50~80cm **원산지** 중국 **생태** 다년초

큰방울새란 Pogonia japonica Rchb.

난초과

작은 꽃이 원줄기 끝에 1개가 달린다. 볕이 잘 들고 습기가 많은 초원에서 자란다. 꽃은 옆을 보고 피는데, 습지에서는 주변의 풀이 무성해서 그 안에 묻혀 있는 것처럼 보인다. 잎이 1장인 단엽성 난이며, 줄기 중간에 거의 직립으로 서 있다. 줄기 끝에는 엽상의 포가 1장 있다.

자생지 양지바른 습지 **분포** 경기도, 경상도, 제주도 **개화시기** 5~6월 **꽃색** 담홍색 **꽃크기** 2~2.5cm **전초외양** 직립형 **전초높이** 15~30cm **원산지** 한국 **생태** 다년초

감자난초 Oreorchis patens

난초과

습기가 있는 숲속 응달에서 수수한 색깔의 꽃이 핀다. 부식질이 많은 수풀의 응달에 핀다. 꽃줄기 기부에는 2장의 막질로 된 깍지 상태의 잎이 있다. 꽃차례의 길이는 10~20cm이다. 잎은 난구형의 헛비늘줄기에서 1~2장 나오는데, 꽃줄기에 나지 않고 흙바닥 가까이에 누워 있다.

자생지 숲속 음지 **분포** 전국 **개화시기** 5~6월 **꽃색** 황갈색 **꽃크기** 8~10mm **전초외양**직립형 **전초높이** 30~50cm **원산지** 한국 **생태** 다년초

01 봄에 피는 산야초

약난초 Cremastra appendiculata

난초과

길고 가느다란 꽃이 많이 핀다. 꽃은 연한 자줏빛이 도는 갈색으로 피고, 꽃줄기에 15~20개가 한쪽으로 치우쳐서 꽃차례를 이루며 밑을 향하여 달린다. 비늘줄기는 달걀 모양의 원형이며, 옆으로 염주같이 연결되고 땅 속으로 얕게 들어간다. 꽃줄기는 비늘줄기 옆에서 나오고 곧게 선다. 잎은 1~2개가 비늘줄기 끝에서 나오고 긴 타원 모양이며, 3개의 맥이 있고, 끝이 뾰족하다.

자생지 산지의 숲 **분포** 전북 이남 **개화시기** 5~6월 **꽃색** 담홍갈색 **꽃크기** 약 3cm
전초외양 직립형 **전초높이** 30~50cm **원산지** 한국 **생태** 다년초

01 봄에 피는 산야초 | 141

연영초 Trillium kamtschaticum

백합과

하얀색 꽃이 봄의 숲에 피는데 그 모습이 아름답다. 하지만 깊은 산속에서 자라므로 쉽게 볼 수 없는 꽃이다. 꽃은 잎 중앙에서 나온 한 개의 꽃줄기 끝에 1송이씩 달리며, 흰색에 약간 붉은색이 도는 꽃잎이 3장씩 윤생輪生으로 핀다. '수명을 연장한다' 하여 연영초延齡草라 하는데, 한방에서는 뿌리줄기를 우아칠芋兒七이라 하여 약재로 쓴다. 우아칠은 혈액의 순환을 촉진하며 풍을 다스려 주고 혈압을 낮추어 준다.

자생지 깊은 산속의 숲 **분포** 강원도 등 **개화시기** 5~6월 **꽃색** 백색 **꽃크기** 5~8cm **전초외양** 직립형 **전초높이** 20~30cm **원산지** 한국, 일본, 사할린 **생태** 다년초

01 봄에 피는 산야초

실꽃풀 Chionographis japonica

백합과

산지의 나무그늘에서 자라면서 실과 같은 흰색 꽃을 산뜻하게 피운다. 꽃은 바소꼴의 잎이 달린 꽃줄기 끝, 수상꽃차례에 달리는데, 여러 개의 꽃이 아래에서 위로 올라가면서 핀다. 실꽃풀이란 이름은 가는 화피갈래조각이 실같이 생겼다고 해서 붙여진 이름이다. 반상록성 또는 상록성의 다년초이다.

자생지 산지의 숲, 물가 근처 **분포** 남해안, 제주도 **개화시기** 5~6월 **꽃색** 백색 **꽃크기** 6~12mm **전초외양** 직립형 **전초높이** 20~40cm **원산지** 한국 **생태** 다년초

뽀리뺑이 Youngia japonica

국화과

박조가리 나물이라고도 하며, 길가나 다소 그늘진 곳에서 자란다. 줄기는 길게 뻗치고 부드러운 털이 있으며, 줄기나 잎을 자르면 백색의 유액이 나온다. 꽃은 햇빛을 보면 피고, 저녁에는 닫는 습성이 있다. 어린잎은 나물로 먹고, 한방에서는 전초를 채취하여 햇볕에 말린 것을 황과채黃瓜菜라 하여 약용으로 쓴다.

자생지 길가, 그늘진 곳 **분포** 전국 **개화시기** 5~6월 **꽃색** 황색 **꽃크기** 약 1cm **전초외양** 직립형 **전초높이** 20~100cm **원산지** 한국 **생태** 1~2년초

01 봄에 피는 산야초 | 147

솜방망이 Senecio pierotii

국화과

원줄기와 잎의 양면에 솜털이 덮여 있어 '솜방망이'라고 하며, 양지바른 들에서 노란 꽃을 피운다. 척박한 곳에서도 잘 자라지만 부엽토가 많은 양지바른 곳에 군락을 이룬다. 줄기는 굵고 안은 비어 있으며, 처음 나온 잎은 긴 타원형의 로제트형으로 사방으로 퍼지고 개화기까지 남아 있다.

자생지 양지바른 들 **분포** 전국 **개화시기** 5~6월 **꽃색** 황색 **꽃크기** 3~4cm **전초외양** 직립형 **전초높이** 20~65cm **원산지** 한국 **생태** 다년초

갈퀴덩굴 Galium spurium var.

꼭두서니과

전국의 들이나 밭에서 무리지어 자라며, 덩굴성 잡초로 소가 잘 먹어 예전 시골 아이들의 꼴베기감으로 최고였다. 줄기는 네모지고 가시 같은 털이 박혀 있어 다른 물체에 잘 붙고, 갈퀴모양의 긴 잎이 여섯 개 혹은 여덟 개씩 돌려난다. 어린순은 식용으로 먹고, 전초 말린 것을 '산완두山豌豆'라 하며 약재로 쓴다.

자생지 길가, 빈터 **분포** 전국 **개화시기** 5~6월 **꽃색** 황록색 **꽃크기** 2~3mm **전초외양** 덩굴형 **전초높이** 60~90cm **원산지** 한국, 중국 등 **생태** 1~2년초

01 봄에 피는 산야초 | 151

꿀풀 Prunella vulgaris var.

꿀풀과

산기슭의 볕이 잘 드는 풀밭에서 자란다. 원줄기는 네모지고, 곧게 자라며, 전체에 짧은 털이 덮여 있다. 밑부분에서 기는 줄기가 나와 번식한다. 잎은 긴 타원형의 바소꼴로 마주나는데, 가장자리는 밋밋하거나 톱니가 있다. 꽃은 줄기 끝에 원기둥 모양의 수상꽃차례를 이루며 자줏빛으로 핀다. 봄에 어린순을 식용한다. 한방에서는 꽃이삭을 말린 것을 하고초夏枯草라 하며, 소염제·이뇨제 등으로 쓴다.

자생지 산기슭, 길가 **분포** 전국 **개화시기** 5~6월 **꽃색** 자주색 **꽃크기** 약 2cm **전초외양** 직립형 **전초높이** 약 30cm **원산지** 한국 **생태** 다년초

01 봄에 피는 산야초

금창초 Ajuga decumbens

꿀풀과

줄기는 네모지고 전체에 우단 같은 털로 덮여 있는데, 키가 작아 마치 땅에 붙은 듯한 모습이다. 잎은 방사상으로 퍼지며 거꾸로 선 바소꼴로 잎끝이 둔하고 짙은 녹색이지만 자줏빛이 돌며, 가장자리는 물결모양의 톱니가 있다. 금창초는 한자로 '金瘡草'라 쓰는데 '금창金瘡'은 '쇠붙이에 입은 상처'를 뜻한다. 그러므로 이 이름은 상처나 종기가 난 곳에 이 풀을 찧어 바른 데서 유래했다고 할 수 있다.

자생지 산기슭, 길가 **분포** 제주, 울릉도, 남부지방 **개화시기** 5~6월 **꽃색** 자주색 **꽃크기약** 1cm **전초외양** 포복형 **전초높이** 5~15cm **원산지** 한국 **생태** 다년초

좀가지풀 Lysimachia japonica

앵초과

열매가 작은 가지를 닮아 붙여진 이름이다. 하지만 잎모양과 꽃모양도 닮은 듯하다. 제주도, 지리산, 강화도의 산지에 나는 여러해살이풀로 전체에 짧은 털이 퍼져 나고, 가는 줄기의 끝은 비스듬히 선다. 잎은 마주나고, 넓은 난형으로 짧은 털이 있다. 꽃은 잎겨드랑이에서 노란색으로 1송이씩 핀다.

자생지 산기슭의 풀밭 **분포** 제주도, 지리산 등 **개화시기** 5~6월 **꽃색** 황색 **꽃크기** 5~7mm **전초외양** 포복형 **전초높이** 7~20cm **원산지** 한국 **생태** 다년초

01 봄에 피는 산야초

갯메꽃 Calystegia soldanella

메꽃과

독도를 포함한 전국 바닷가의 모래밭에 서식한다. 뿌리줄기에서 줄기가 갈라져 지상으로 뻗거나 다른 물체에 기대어 기어 올라간다. 잎은 어긋나고 신장모양으로 끝이 오목하거나 둥글며, 기부는 깊이 파여 있고 가장자리에 물결모양의 톱니가 있다. 꽃은 잎겨드랑이에서 나온 꽃자루에 나팔모양으로 달린다.

자생지 해안의 모래밭 **분포** 경기 이남 바닷가 **개화시기** 5~6월 **꽃색** 담홍색 **꽃크기** 4~5cm **전초외양** 포복형 **전초높이** 덩굴성 **원산지** 한국 **생태** 다년초

01 봄에 피는 산야초

구슬붕이 Gentiana squarrosa

용담과

전국의 양지바른 습지에서 자라는데, 매우 작아 다 자라도 손가락 크기 정도이다. 줄기는 밑에서 갈라져 모여난다. 꽃은 종모양으로 피는데, 열 갈래로 보이는 꽃잎은 다섯은 크게, 다섯은 작게 되어 있다.

자생지 양지바른 초지 **분포** 전국 **개화시기** 5~6월 **꽃색** 담청자색 **꽃크기** 2~4cm **전초외양** 직립형 **전초높이** 3~10cm **원산지** 한국 **생태** 2년초

01 봄에 피는 산야초

갯완두 Lathyrus japonicus

콩과

해안의 모래밭에서 자라는 콩과의 여러해살이풀로 뿌리줄기는 옆으로 뻗으며 자라고, 원줄기는 비스듬히 자란다. 잎은 어긋나게 달리며 3~6쌍의 작은 잎으로 구성된 깃꼴복엽이다. 잎은 타원형으로 뒷면에 분백색이 돌고, 가장자리는 밋밋하다. 5~6월에 잎겨드랑이에 나비모양의 꽃이 달린다.

자생지 해안의 모래밭 **분포** 전국 **개화시기** 5~6월 **꽃색** 홍자색 **꽃크기** 2.5~3cm **전초외양** 포복형 **전초높이** 덩굴성 **원산지** 한국 **생태** 다년초

01 봄에 피는 산야초

별꽃 Stellaria neglecta

석죽과

길가나 밭둑에서 자라는 석죽과 두해살이풀로, 줄기는 밑부분에서 무더기로 나며 비스듬히 자란다. 줄기에는 한 줄로 털이 있다. 잎은 끝이 뾰족한 달걀형으로 줄기에 마주나고, 흰색 꽃이 취산꽃차례로 달린다.

자생지 산과 들 **분포** 전국 **개화시기** 5~6월 **꽃색** 백색 **꽃크기** 6~7mm **전초외양** 포복형 **전초높이** 10~30cm **원산지** 유럽 **생태** 2년초

01 봄에 피는 산야초

수영 Rumex acetosa

마디풀과

꽃은 자웅이수이며 원추꽃차례로 돌려난다. 꽃받침조각과 수술은 6개씩이고, 꽃잎은 없으며, 암술대는 3개로서 암술머리가 잘게 갈라진다. 꽃이 진 다음 안쪽 꽃받침조각 3개는 자라서 열매를 둘러싼다. 땅속줄기는 다소 굵고 짧은 황색이며, 줄기는 가는 원주형으로 모가 나고 보통 자홍색을 띤다. 뿌리잎은 모여 나고, 줄기잎은 긴 타원형으로 어긋나며 가장자리가 밋밋하고 위로 갈수록 잎자루가 없어진다.

자생지 풀밭 **분포** 전국 **개화시기** 5~6월 **꽃색** 녹자색 **꽃크기** 약 3mm **전초외양** 직립형 **전초높이** 30~80cm **원산지** 한국 **생태** 다년초

01 봄에 피는 산야초

붓꽃 Iris sanguinea

난초과

짙은 녹색의 잎이 난의 잎처럼 길고 끝이 뾰족하게 생겨서 붓을 연상케 하는 꽃이다. 뿌리줄기는 옆으로 뻗고 잔뿌리가 나와 자라며, 잎은 난처럼 길다. 꽃줄기 끝에 8cm 정도의 청자색의 꽃이 피는데, 하루가 지나면 시든다.

자생지 산기슭 초지 **분포** 전국 **개화시기** 5~6월 **꽃색** 청자색 **꽃크기** 약 8cm **전초외양** 직립형 **전초높이** 30~60cm **원산지** 한국 **생태** 다년초

01 봄에 피는 산야초

맥문동 Liriope playthylla

백합과

산지의 그늘 밑에서 자라며 뿌리줄기는 굵고 짧지만, 수염뿌리는 가늘고 길어 곳곳에서 작은 괴근이 나온다. 잎은 밑에서 총생하고, 선모양이나 피침형으로 세로맥이 있다. 모양은 부추잎과 비슷하다. 담자색의 꽃이 수상꽃차례로 달린다. 겨울에도 푸른 잎사귀가 인상적이다.

자생지 산기슭 초지 **분포** 전국 **개화시기** 5~6월 **꽃색** 담자색 **꽃크기** 약 4mm **전초외양** 직립형 **전초높이** 30~50cm **원산지** 한국 **생태** 다년초

01 봄에 피는 산야초

털복주머니란 Cypripedium guttatum var.

난초과

동그랗게 부푼 입술 같은 형태가 특징인 난이다. 야생으로 자라는 꽃이 줄어들어 멸종위기에 있다. 꽃은 1장의 입술 모양과 2장의 측변, 그리고 3장의 꽃받침이 기본적인 구성이다. 측면의 꽃받침 2장은 합착해 있다. 꽃잎은 타원형이며, 전체적인 모양이 주머니 같고 안쪽에 털이 있다.

자생지 산지의 초원 **분포** 강원도 **개화시기** 5~6월 **꽃색** 백색, 황색, 자주색 **꽃크기** 3~5cm **전초외양** 직립형 **전초높이** 20~40cm **원산지** 한국 **생태** 다년초

01 봄에 피는 산야초

뚝새풀 Alopecurus aequalis

벼과

논밭 같은 습지에 무리지어 나는 풀이다. 줄기는 밑부분에서 여러 개 갈라져 곧게 서고, 잎은 편평하고 흰색이 도는 녹색이다. 꽃과 꽃이삭은 원기둥 모양으로 달린다. 소의 먹이로도 쓰는데, 꽃이 핀 것은 소가 먹지 않는다.

자생지 논이나 들의 습지 **분포** 전국 **개화시기** 5~6월 **꽃색** 담녹색 **꽃크기** 약 3mm **전초외양** 직립형 **전초높이** 20~40cm **원산지** 한국 **생태** 1~2년초

01 봄에 피는 산야초

풀거북꼬리 Boehmeria tricuspis

쐐기풀과

끈 모양의 가는 꽃이 무리지어 핀다. 줄기와 잎의 꽃자루는 적갈색이다. 낮은 산에서 볕이 좋은 길가에서 자란다. 자웅동주이며, 줄기 윗부분의 잎겨드랑이에서 암꽃차례가 나오고, 아랫부분의 잎겨드랑이에서는 수꽃차례가 나온다. 암꽃은 붉은색을 띠며, 수꽃은 황백색이고 꽃가루를 흩뿌린다.

자생지 양지바른 숲 **분포** 중부 이북 **개화시기** 5~7월 **꽃색** 적백색, 황백색 **꽃크기** 30~50cm **전초외양** 직립형 **전초높이** 약 1m **원산지** 한국, 일본 **생태** 다년초

01 봄에 피는 산야초 | 177

방가지똥 Sonchus oleraceus

국화과

길가나 들에서 흔히 자라는 잡초로, 잎이나 줄기를 자르면 하얀 즙이 나온다. 방가지풀이라고도 하는데, 어린순은 나물로 먹을 수 있다. 다수의 작은 꽃이 모여 있는 통상화로, 꽃은 대부분 봄에 피지만 따뜻한 지역은 거의 연중 꽃을 피운다. 줄기는 굵지만 비어 있어 유연하다.

자생지 들, 길가 **분포** 전국 **개화시기** 5~9월 **꽃색** 황색 **꽃크기** 약 2cm **전초외양** 직립형 **전초높이** 30~100cm **원산지** 한국 **생태** 다년초

The Wild Flowers
of Korea

02
여름에 피는 산야초

떡쑥 Gnaphalium affine

국화과

국화과의 두해살이 풀로 들과 밭, 길가에서 흔히 자라며, 잎과 줄기 모두 섬모로 덮여 있어 하얗게 보인다. 줄기는 곧게 자라고, 뿌리잎은 꽃이 필 때 말라 떨어지고, 줄기잎은 주걱형 또는 거꾸로 세운 바소모양으로 가장자리가 밋밋하다. 어린잎은 나물이나 떡에 넣기도 하고, 말려서 볶아 차로도 이용한다.

자생지 산이나 들 **분포** 전국 **개화시기** 5~7월 **꽃색** 황색 **꽃크기** 약 3mm **전초외양** 직립형 **전초높이** 15~40cm **원산지** 한국 **생태** 2년초

씀바귀 Ixeris dentata

국화과

꽃은 지름 1.5cm 정도의 두화가 줄기 끝에 산방상으로 노랗게 핀다. 줄기는 곧추서고 상부에서 가지가 갈라지며, 백색 유즙이 있어 쓴맛이 강하다. 산과 들의 초지에서 흔히 볼 수 있는 식물로, 키는 사람의 무릎 정도까지 큰다. 예부터 나물로, 민간약으로 사랑받아 왔는데, 뿌리는 위장약이나 진정제로도 이용되어 왔다.

자생지 산과 들 **분포** 전국 **개화시기** 5~7월 **꽃색** 황색 **꽃크기** 약 1.5cm **전초외양** 직립형 **전초높이** 30~50cm **원산지** 한국 **생태** 다년초

지칭개 Hemistepta lyrata

국화과

전국 각지의 밭둑이나 길가 등 틈만 있으면 뿌리부터 내리는 강인한 식물로, 쓰임새도 다양하다. 어린순은 나물로 먹는데, 심장기능 향상과 뼈에도 좋으며 어혈을 풀어 혈액순환에도 도움이 된다. 엉겅퀴를 닮았지만 가시가 없다. 잎 뒷면이 흰색의 털로 덮여 있고, 군락을 이루지 않고 한 포기씩 별도로 자란다. 곧게 솟아오르는 줄기의 가지 끝마다 연한 분홍색의 꽃이 위를 향해 피어난다. 흰꽃이 피는 흰지칭개도 있다.

자생지 논밭, 길가 **분포** 전국 **개화시기** 5~7월 **꽃색** 홍자색 **꽃크기** 약 2.5cm **전초외양** 직립형 **전초높이** 40~80cm **원산지** 한국 **생태** 2년초

02 여름에 피는 산야초

참소리쟁이 Rumex japonicus

마디초과

들이나 집 근처의 다소 습한 곳에서 자라는 여러해살이풀이다. 뿌리는 노란색으로 무같이 굵고 길며, 줄기에는 세로줄이 있다. 뿌리잎은 모여 나고, 가장자리가 물결 모양이다. 줄기잎은 어긋나고 올라갈수록 작아지며 털이 없다. 꽃은 담녹색으로 총상꽃차례를 이루며, 가지나 줄기 끝에 달린다.

자생지 습한 밭둑, 길가 **분포** 전국 **개화시기** 5~7월 **꽃색** 담녹색 **꽃크기** 약 3mm **전초외양** 직립형 **전초높이** 40~100cm **원산지** 한국 **생태** 다년초

가락지나물 Potentilla kleiniana

장미과

습기 있는 낮은 지대 곳곳에서 자라는 여러해살이풀로, 줄기는 옆으로 퍼지면서 자란다. 뿌리잎은 손바닥 모양의 겹잎이고, 줄기에는 3개씩 잎이 달리며 계란형이다. 꽃은 황색으로 가지 끝에 달린다.

자생지 밭둑, 하천변 **분포** 전국 **개화시기** 5~7월 **꽃색** 황색 **꽃크기** 약 8mm **전초외양** 포복형 **전초높이** 20~60cm **원산지** 한국 **생태** 다년초

주름잎 Mazus japonicus

현삼과

현삼과의 한해살이풀로, 밭이나 습한 곳에서 자라며 전체에 털이 있다. 잎은 마주 달리고, 계란을 거꾸로 세운 모양, 또는 긴 타원상 주걱형으로 가장자리에 둔한 톱니가 있다. 꽃은 연한 자주색으로 핀다. 잎자루가 위로 가면서 짧아지고 주름살이 지는 특색이 있어, 주름잎이란 이름이 생겼다.

자생지 밭, 길가 **분포** 전국 **개화시기** 5~8월 **꽃색** 담홍자색 **꽃크기** 5~10mm **전초외양** 직립형 **전초높이** 5~20cm **원산지** 한국 **생태** 1년초

02 여름에 피는 산야초

갯방풍 *Glehnia littoralis*

산형과

바닷가 모래땅에서 자란다. 짧은 줄기 전체에 흰 융털이 있다. 잎은 잔잎 3장으로 이루어진 겹잎이고, 잔잎은 다시 3갈래로 갈라진다. 독특한 향과 맛을 지니고 있어, 생선회에 곁들여 먹으면 좋다.

자생지 바닷가 모래땅 **분포** 전국 해안 **개화시기** 6~7월 **꽃색** 백색 **꽃크기** 약 5mm **전초외양** 포복형 **전초높이** 약 1m **원산지** 한국, 일본 **생태** 다년초

02 여름에 피는 산야초

딱지꽃 Potentilla chinensis

장미과

전국 각지의 들이나 바닷가 풀밭에서 흔히 자란다. 굵은 뿌리에서 자주색을 띤 여러 개의 줄기가 모여 나고, 뿌리에서 바로 나오는 잎은 땅 위에 퍼지며 자란다. 줄기 잎은 어긋난 깃꼴로 갈라져 있으며, 잎 뒷면에는 흰털이 빽빽하게 나 있다. 꽃은 가지 끝에 모여 핀다.

자생지 하천, 해안의 모래밭 **분포** 전국 **개화시기** 6~7월 **꽃색** 황색 **꽃크기** 약 13mm **전초외양** 포복형 **전초높이** 30~60cm **원산지** 한국 **생태** 다년초

02 여름에 피는 산야초

기린초 Sedum kamtschaticum

돌나물과

산지의 바위틈에서 자라는 여러해살이풀로, 척박한 환경에도 잘 자라는 식물이다. 뿌리줄기는 굵고, 원줄기 가운데서 줄기가 뭉쳐나며 원기둥 모양이다. 줄기와 잎은 두텁고 강하게 생겼으며, 잎 가장자리에는 톱니가 있다. 노란색의 별모양을 한 꽃들이 옹기종기 모여 피어 하나의 꽃봉오리처럼 보인다.

자생지 건조한 바위틈 **분포** 경북, 충북 이북 **개화시기** 6~7월 **꽃색** 황색 **꽃크기** 1~2cm **전초외양** 포복형 **전초높이** 5~30cm **원산지** 한국 **생태** 다년초

02 여름에 피는 산야초

원추리 Hemerocallis littorea

백합과

예부터 봄의 대표적 산나물의 하나이다. 고구마처럼 굵어지는 덩이줄기가 뿌리 끝에 달리며, 긴 선형의 잎은 2줄로 마주나고 잎끝이 뒤로 젖혀진다. 노란색 꽃은 하루가 지나면 시들고 만다.

자생지 산과 들 **분포** 전국 **개화시기** 6~7월 **꽃색** 등황색 **꽃크기** 9~10cm **전초외양** 직립형 **전초높이** 약 1m **원산지** 한국 **생태** 다년초

02 여름에 피는 산야초

천남성 Arisaema ringens

천남성과

기후가 온난하고 공기 중 습도가 많은 반그늘을 좋아하여, 바다에서 가까운 숲 속에서 흔히 볼 수 있다. 줄기는 짧고 크며 곧게 서고, 엷은 녹색을 띤다. 잎사귀는 큰 타원형으로 세 갈래로 갈라지고 잎맥이 뚜렷하며, 가장자리는 밋밋하지만 끝은 뾰족하다. 녹색의 불염포 속에 육수꽃차례로 꽃이 핀다. 불염포의 끝은 앞으로 구부러지고 끝이 뾰족하다. 암수딴포기로, 수포기의 꽃술에는 자색의 꽃밥만 달린다.

자생지 바다 가까운 숲 **분포** 전국 **개화시기** 6~7월 **꽃색** 녹색~흑자색 **꽃크기** 3~10cm **전초외양** 직립형 **전초높이** 20~35cm **원산지** 한국 **생태** 다년초

엉겅퀴 Cirsium japonicum

국화과

피를 엉기게 한다 해서 엉겅퀴라는 이름이 붙여졌다고 한다. 산이나 들의 양지바른 곳에서 흔히 자라며, '가시나물'이라고도 한다. 어린순은 나물로 먹고, 가을에 줄기와 잎을 말린 대계는 한방에서 이뇨제, 지혈제로 사용한다. 줄기에는 털이 많고, 뿌리잎은 꽃이 필 때까지 남아 있고 줄기잎보다 크며, 잎에는 톱니와 더불어 가시가 있다.

자생지 논밭, 길가, 산기슭　**분포** 전국　**개화시기** 6~8월　**꽃색** 홍자색　**꽃크기** 약 4cm　**전초외양** 직립형　**전초높이** 50~100cm　**원산지** 한국　**생태** 다년초

솔나물 Galium verum var.

꼭두서니과

전국의 들에서 흔히 자란다. 흰 꽃이 피는 것을 '흰솔나물', 씨방에 털이 있는 것을 '털솔나물', 연한 노란빛을 띤 녹색 꽃이 피는 것을 '개솔나물', 잎에 털이 많은 것을 '털잎솔나물', 노란 꽃에다 씨방에 털이 있는 것을 '흰털솔나물'이라 한다. 줄기는 곧게 자라며 마디에 털이 있고, 잎은 선형으로 끝이 뾰족하고 뒤편에 털이 있다.

자생지 산지의 숲 **분포** 전국 **개화시기** 6~8월 **꽃색** 백색, 황색 **꽃크기** 약 2.5mm **전초외양** 직립형 **전초높이** 70~100cm **원산지** 한국 **생태** 다년초

02 여름에 피는 산야초

질경이 Plantago asiatica

질경이과

전국의 길가나 빈터에서 흔히 자란다. 차전초車前草라고도 하는데, 이는 가뭄에 시달린 병사와 말이 요독증尿毒症으로 죽게 되었을 때 '마차 앞의 풀'을 먹고 원기를 회복했다는 데서 붙여졌다 한다. 또한 암세포의 진행을 억제하는 것으로도 알려져 있는 건강식물이다. 줄기는 없으며, 잎은 뿌리에서 비스듬히 퍼져 밑부분을 서로 감싼다. 씨를 말린 것은 차전자라 하고, 잎은 차전엽, 뿌리는 차전근이라 한다.

자생지 길가, 빈터 **분포** 전국 **개화시기** 6~8월 **꽃색** 황록색 **꽃크기** 약 2mm **전초외양** 직립형 **전초높이** 10~50cm **원산지** 한국 **생태** 다년초

02 여름에 피는 산야초

메꽃 Calystegia japonica

메꽃과

묵은 논밭이나 풀밭, 길가에서 흔히 자라는 여러해살이 덩굴풀로, 하얀 뿌리줄기가 왕성하게 자라면서 군데군데 덩굴성 줄기가 자란다. 잎은 어긋나고 타원상 바소꼴이며, 양쪽 끝에 귀 같은 돌기가 있다. 6~8월에 잎겨드랑이에서 꽃줄기가 나와 연한 홍색의 꽃을 피운다. 메꽃 뿌리는 허약한 체질을 바꾸는 데 상당한 효력이 있어, 특히 어린이나 노인들의 체력을 증강시키는 데 효과가 좋다.

자생지 담밑, 공휴지, 길가 **분포** 전국 **개화시기** 6~8월 **꽃색** 담홍색 **꽃크기** 약 5cm
전초외양 덩굴형 **전초높이** 환경에 따라 다르다 **원산지** 한국 **생태** 다년초

사상자 Torilis japonica

산형과

사상자蛇床子라는 이름은 뱀이 이 풀 아래에 눕기를 좋아한다 하여 붙여진 이름이란다. 그래서 이 풀을 '뱀도랏' 이라고도 한다. 풀밭에서 흔히 자라며, 전체에 눈털이 나고 줄기는 곧게 선다. 잎은 어긋나고 3장의 작은 잎이 나온 잎이 2회 깃꼴로 갈라진다. 봄에 어린순을 나물로 먹기도 한다. 한방에서는 열매를 따서 햇볕에 말린 것을 사상자라 하여, 수렴제나 소염제로 쓰고 있으며, 무좀 치료에도 쓴다.

자생지 산기슭, 풀밭 **분포** 중부 이남 **개화시기** 6~8월 **꽃색** 백색 **꽃크기** 약 5mm **전초외양** 직립형 **전초높이** 30~70cm **원산지** 한국 **생태** 2년초

02 여름에 피는 산야초

독미나리 Cicuta virosa

산형과

사람에게 해로운 독이 들어 있는 식물로 널리 알려져 있는 잡초다. 먹으면 중추신경이 마비되고, 심장박동이 증가하고 호흡이 곤란해진다. 물기가 많은 곳에서 자라며, 뿌리줄기는 녹색으로 매우 크고 가운데가 비어 있어 물속에 떠 있을 수도 있다. 잎은 삼각의 난형으로 잎자루가 길다.

자생지 습지, 물가 **분포** 강원도지역 **개화시기** 6~8월 **꽃색** 백색 **꽃크기** 약 5mm **전초외양** 직립형 **전초높이** 약 1m **원산지** 한국 **생태** 다년초

02 여름에 피는 산야초 | 215

괭이밥 *Oxalis corniculata*

괭이밥과

열매를 고양이가 잘 뜯어 먹는다 하여 붙은 이름이란다. 뿌리에서 여러 대의 줄기가 모여 나오는데, 흔히 땅을 기거나 비스듬히 위로 자란다. 어긋나게 달리는 잎은 3출엽으로 하트 모양이다. 잎겨드랑이에서 나온 꽃줄기 끝에 노란색 꽃이 달린다. 꽃은 오래도록 피는데, 잎과 꽃은 날이 흐리거나 밤이 되면 오므라든다.

자생지 길가, 빈터 **분포** 전국 **개화시기** 6~8월 **꽃색** 황색 **꽃크기** 7~8mm **전초외양** 포복형 **전초높이** 10~30cm **원산지** 한국 **생태** 다년초

02 여름에 피는 산야초

이질풀 Geranium thunbergii

쥐손이풀과

전국의 산야, 길가 등에서 흔히 자라며, 예로부터 이질에 특효가 있다 해서 이질풀이라 불렀다. 줄기는 옆으로 비스듬히 자라거나 기듯이 뻗으며 자라고, 줄기 전체에 털이 많다. 손바닥 모양의 잎은 마주나고 3~5개로 갈라지며, 잎 뒷면에 검은색 무늬와 털이 있다.

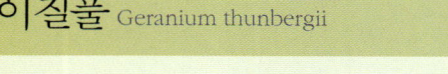

자생지 산과 들, 길가 **분포** 전국 **개화시기** 6~8월 **꽃색** 백색~홍색 **꽃크기** 1~1.5cm **전초외양** 포복형 **전초높이** 약 50cm **원산지** 한국 **생태** 다년초

토끼풀 Trifolium repens L.

콩과

유럽과 북아메리카가 원산지로, 콩과의 여러해살이 풀이다. 우리나라에서도 농가나 부락 주변에서 자라는 것을 쉽게 볼 수 있어서 적응성이 강한 풀이다. 뿌리를 깊이 내려 한파에는 강하지만, 가뭄과 장마에는 조금 약하다. 줄기는 지표면을 기면서 각 마디에서 뿌리를 내린다. 잎은 3출복엽으로 가장자리에 톱니가 있고, 중간에 V자형의 흰무늬가 있다. 꽃이 흰색이라 일반적으로 '화이트클로버'라 부른다.

자생지 풀밭, 길가 **분포** 전국 **개화시기** 6~8월 **꽃색** 백색 **꽃크기** 8~12mm **전초외양** 포복형 **전초높이** 20~60cm **원산지** 유럽, 북아메리카 **생태** 다년초

02 여름에 피는 산야초

짚신나물 Agrimonia pilosa

장미과

가을에 익는 열매의 윗머리에 갈고리 가시들이 있어, 사람의 옷이나 동물의 가죽에 잘 달라붙는다. 윗부분이 5개로 갈라진 꽃에도 갈고리 같은 털이 있어서 성숙하면 다른 물체에 잘 붙는다. 줄기는 높이 최고 1m까지 자라며, 전체에 털이 나 있고, 끝에서 가지가 갈라진다. 꽃은 가지 끝에 총상꽃차례를 이룬다.

자생지 들, 길가 **분포** 전국 **개화시기** 6~8월 **꽃색** 황색 **꽃크기** 7~10mm **전초외양** 직립형 **전초높이** 35~100cm **원산지** 한국 **생태** 다년초

02 여름에 피는 산야초

애기똥풀 Chelidonium majus var.

양귀비과

마을 근처 길가나 풀밭에 서식하는 두해살이풀이다. 줄기는 가지가 많이 갈라지고 속이 비어 있으며, 줄기와 잎에는 흰빛이 돌지만 나중에 없어지고, 꺾으면 노란색의 유액이 나온다. 잎은 어긋나고 깊게 갈라지며, 가장자리에 둔한 톱니가 있다.

자생지 풀밭 **분포** 전국 **개화시기** 6~8월 **꽃색_**황색 **꽃크기** 약 2cm **전초외양** 직립형 **전초높이** 30~80cm **원산지** 한국 **생태** 2년초

02 여름에 피는 산야초

명아주 Chenopodium album var.

명아주과

명아주는 땅에 홀로 자랄 때는 보잘것없는 야생초이지만, 줄기를 말려 만든 청려장 青藜杖은 가볍고 단단해 최고의 지팡이로 친다. 청려장은 중풍을 예방하는 효과가 있다고 하는데, 울퉁불퉁한 표면이 손바닥을 자극하면서 지압효과를 낸다.

자생지 밭, 길가 **분포** 전국 **개화시기** 6~8월 **꽃색** 황록색 **꽃크기** 약 1mm **전초외양** 직립형 **전초높이** 약 1m **원산지** 한국 **생태** 1년초

02 여름에 피는 산야초

삼백초 Saururus chinensis

삼백초과

삼백초는 잎과 꽃, 뿌리 등 세 부분이 백색이라 붙여진 이름이다. 희귀 및 멸종 위기 식물로 보호하고 있다. 산지의 응달진 습지나 풀밭 등에서 자라고, 지하줄기는 옆으로 뻗어 번식한다. 잎은 난상타원형으로 어긋나며 가장자리가 밋밋하고, 표면은 연녹색이고, 뒷면은 연백색이다. 백색의 꽃이 수상꽃차례를 이루며 달린다.

자생지 습지, 물가 **분포** 남부지방 **개화시기** 6~8월 **꽃색** 백색 **꽃크기** 약 1mm **전초외양** 직립형 **전초높이** 30~60cm **원산지** 한국, 중국, 일본 **생태** 다년초

곤달비 Ligularia stenocephala

국화과

키가 커서 멀리서도 잘 보인다. 여름 무렵에 피는 노란색 꽃으로는 곰취 등 크기도 비슷한 식물들이 있는데, 꽃과 잎의 형태로 구분할 수 있다. 꽃은 밑에서부터 순서대로 피며, 맨 끝에 꽃이 필 무렵에는 아래쪽 꽃이 시든다.

자생지 깊은 산속 습지 **분포** 전국 **개화시기** 6~8월 **꽃색** 황색 **꽃크기** 2~3cm **전초외양** 직립형 **전초높이** 60~100cm **원산지** 한국 **생태** 다년초

석잠풀 Stachys japonica

꿀풀과

산과 들의 습지에서 자란다. 땅속줄기는 옆으로 길게 뻗어 번식하며, 줄기는 곧게 서고 사각형이며 아래로 향한 털이 있다. 잎은 마주나고, 바소꼴로 끝이 뾰족하며, 가장자리에 톱니가 있고, 양면에 털이 있다. 꽃은 줄기 끝에 층층으로 달리는 이삭화서 모양으로 피운다. 줄기의 모서리와 잎 뒷면의 주맥에 털이 있는 것을 '개석잠풀', 전체에 털이 많은 것을 '털석잠풀'이라 한다.

자생지 들의 습지 **분포** 전국 **개화시기** 6~9월 **꽃색** 담홍색 **꽃크기** 1.2~1.5cm **전초외양** 직립형 **전초높이** 30~60cm **원산지** 한국 **생태** 다년초

02 여름에 피는 산야초

쇠비름 Portulaca oleracea

쇠비름과

길가나 빈터, 인가 주변에서 흔히 자란다. 줄기는 육질로 원주형이고, 전초에 털이 없고 매끈하다. 줄기는 적갈색을 띠고 비스듬이 자라며, 잎은 긴 타원형이고 끝이 둥글고 밑 부분이 좁아지며 가장자리가 밋밋하고 붉게 물든다. 꽃은 황색으로, 6월부터 가을까지 계속해서 핀다. 줄기와 잎은 삶아 나물로 먹는다.

자생지 밭, 길가, 인가 주변 **분포** 전국 **개화시기** 6~9월 **꽃색** 황색 **꽃크기** 6~8mm **전초외양** 포복형 **전초높이** 약 30cm **원산지** 한국 **생태** 1년초

02 여름에 피는 산야초

달맞이꽃 Oenothera stricta

바늘꽃과

남아메리카 원산의 두해살이 귀화식물로 전국의 산과 들, 길가에서 자란다. 줄기는 곧고 굵으며 잔털이 있고, 뿌리잎은 방석모양으로 펼쳐지고, 줄기잎은 선형으로 어긋나며 끝이 뾰족하고 가장자리에 잔 톱니가 있다. 꽃은 잎겨드랑이에서 한 송이씩 저녁에 피었다가, 아침에는 조금 붉은 빛을 띠며 진다.

자생지 산과 들, 길가 **분포** 전국 **개화시기** 7월 **꽃색** 황색 **꽃크기** 2~3cm **전초외양** 직립형 **전초높이** 50~90cm **원산지** 남아메리카 **생태** 2년초

02 여름에 피는 산야초

자귀풀 Aeschynomene indica

콩과

해가 지고 밤이 되면 잎을 접는 자귀나무와 비슷한 특징을 가졌다 해 붙여진 이름으로, 비슷한 종류로 차풀이 있다. 줄기는 직립하고, 원기둥모양으로 속이 비어 있어 부드럽다. 짝수 겹잎으로 어긋나며, 작은 잎이선 모양으로 달려 있다. 꽃잎은 차풀이 5장인 데 반해, 자귀풀은 2장으로 되어 있다.

자생지 들, 개울의 습한 곳 **분포** 전국 **개화시기** 7월 **꽃색** 황백색 **꽃크기** 약 1cm **전초외양** 직립형 **전초높이** 50~80cm **원산지** 한국 **생태** 1년초

02 여름에 피는 산야초

도라지 Platycodon grandiflorum

초롱목과

동아시아 원산으로 전국의 산과 들에서 볼 수 있고, 산간 구릉지가 많은 경북 북부와 강원도 등지에서는 재배도 많이 하는 다년생의 숙근초이다. 보라색, 또는 백색의 꽃을 피우고, 줄기는 상처를 입으면 흰 유액을 분비한다. 잎은 돌려나거나 어긋나고, 타원형으로 가장자리에 톱니가 있다. 뿌리는 나물로 먹기도 하고, 말려서 한방으로 쓰기도 한다. 나물로 먹을 때는 물에 담가 수용성의 사포닌을 제거해야 아린 맛이 없다.

자생지 산과 들 **분포** 전국 **개화시기** 7~8월 **꽃색** 보라색, 백색 **꽃크기** 5~7cm **전초 외양** 직립형 **전초높이** 50~100cm **원산지** 동아시아 **생태** 다년초

02 여름에 피는 산야초

뚝갈 Patrinia villosa

마타리과

마타리과의 여러해살이풀로 마타리와 비슷하나, 마타리는 노란색 꽃이 피고 줄기에 털이 없다는 점이 뚝갈과 다르다. 산과 들의 양지바른 곳에서 자란다. 흰털이 덮인 줄기는 직립하고, 잎은 마주나며 타원형으로 깃꼴로 갈라지고 가장자리에 톱니가 있다. 어린순은 나물로 먹고, 뿌리는 패장敗醬이란 약재로 쓴다.

자생지 산과 들의 풀밭 **분포** 전국울릉도 제외 **개화시기** 7~8월 **꽃색** 백색 **꽃크기** 약 4mm **전초외양** 직립형 **전초높이** 약 1m **원산지** 한국 **생태** 다년초

02 여름에 피는 산야초

마타리 Patrinia scabiosaefolia

마타리과

전국의 산이나 들의 양지바른 곳에서 자란다. 줄기는 곧게 자라고 털이 없는 점이 뚝 갈과 다르다. 잎은 마주나고 깃꼴로 깊게 갈라져 있으며, 양면에 복모가 있다. 더위가 극심할 때 노란 꽃을 피운다. 마타리의 뿌리도 패장敗醬이라 하며, 말려서 약용으로 사용한다. 패장은 마른뿌리에서 간장 썩은 냄새가 난다 해 붙여진 이름이다.

자생지 양지바른 산과 들 **분포** 전국 **개화시기** 7~8월 **꽃색** 황색 **꽃크기** 3~4mm **전초외양** 직립형 **전초높이** 1~1.5m **원산지** 한국 **생태** 다년초

02 여름에 피는 산야초

꼭두서니 Rubia akane

꼭두서니과

우리나라 전국의 들과 산, 인가 근처에서 흔히 자라는 덩굴풀이다. 예로부터 뿌리는 붉은 염료를 얻는 식물로 쓰였으나, 화학염료가 개발된 이후에는 쓰이질 않는다. 줄기는 네모지고 밑으로 짧은 가시가 있으며 잎은 심장형으로 돌아나며 끝이 뾰족하고 가장자리에 잔가시가 있다. 뿌리는 통통하고 붉은빛이 난다.

자생지 산지의 숲 **분포** 전국 **개화시기** 7~8월 **꽃색** 담녹색 **꽃크기** 3.5~4mm **전초외양** 덩굴형 **전초높이** 1~2m덩굴의 길이 **원산지** 한국 **생태** 다년초

02 여름에 피는 산야초

박하 Mentha arvensis var.

꿀풀과

우리나라 저습지에 자생한다. 털이 있는 줄기는 네모지며, 잎은 긴 타원형이고 마주나며, 잎 가장자리에 톱니가 있다. 박하는 나라나 지역에 따라 식물의 변이가 다양하다. 잎은 건드리거나 문지르면 박하향 특유의 청량함을 느낄 수 있다. 잎에 들어 있는 멘톨이란 성분은 치약, 향료, 과자, 음료수 등에 넣어 널리 쓰고 있다.

자생지 습지, 밭둑 **분포** 남부지방 **개화시기** 7~8월 **꽃색** 자색, 백색 등 **꽃크기** 4~5mm?
전초외양 직립형 **전초높이** 약 60cm **원산지** 한국 **생태** 다년초

익모초 Leonurus sibiricus

꿀풀과

전국의 들이나 밭, 인가 주변 등 습기가 있는 곳에서 자란다. 예로부터 부드러운 순과 잎을 찧어 먹었고, 여름 더위병이나 식욕증진에 약효가 있어 민간약재로 쓰였다. 줄기는 사각형이고 흰 털로 덮여 있으며, 줄기잎은 3갈래로 자라서, 다시 깃꼴로 2~3개가 갈라지며 가장자리에 톱니가 있다.

자생지 들의 습지 **분포** 전국 **개화시기** 7~8월 **꽃색** 담홍자색 **꽃크기** 약 1cm **전초외양** 직립형 **전초높이** 약 1m **원산지** 한국 **생태** 2년초

02 여름에 피는 산야초

마편초 Verbena officinalis

꿀풀과

남쪽지방과 남해의 섬에서 자란다. 유럽에서는 중세시대부터 병이나 불행을 막아주는 신성한 약초로 여겨왔다. 원줄기는 사각형이고 곧게 서며, 상부에 많은 가지가 갈라지고, 거친 잔털이 두루 있다. 잎은 서로 마주나고, 날개깃처럼 갈라지고, 뒷면은 맥이 융기해 있다.

자생지 해안의 들, 길가 **분포** 남부지방 **개화시기** 7~8월 **꽃색** 담홍자색 **꽃크기** 약 4mm **전초외양** 직립형 **전초높이** 30~60cm **원산지** 한국 **생태** 1~2년초

박주가리 Metaplexis japonica

박주가리과

여러해살이 덩굴식물이다. 줄기나 잎을 자르면 흰 액체가 나오는데, 약간의 독성이 있어 곤충에게는 치명적이라 한다. 지하줄기를 뻗어 번식하고, 잎은 마주나며 약간 두꺼운 편이고, 가장자리는 매끈하다. 꽃은 잎겨드랑이에서 별모양으로 뒤로 도르르 말리며 털이 있다. 덩굴식물은 식물종마다 감아올리는 방향이 일정한데 박주가리, 인동, 등나무 등은 시계방향이고, 메꽃, 칡, 나팔꽃 등은 시계반대방향으로 감아올린다.

자생지 산과 들 **분포** 전국 **개화시기** 7~8월 **꽃색** 백색 **꽃크기** 4~5mm **전초외양** 덩굴형 **전초높이** 약 3m덩굴 길이 **원산지** 한국 **생태** 다년초

02 여름에 피는 산야초

어리연 Nymphoides indica

조름나물과

수생식물에는 물속에 사는 것, 물에 떠다니는 것, 물 가장자리에서 줄기만 담그는 것, 물속 진흙에 뿌리를 박고 잎과 꽃만 물 위로 올라와 사는 것 등이 있는데, 어리연은 마지막에 해당된다. 어리연은 우리 땅 토종 연꽃류로 작지만, 잔잔한 못에 무리지어 핀다. 잎은 둥근 심장 모양으로 표면에 광택이 있고, 가장자리가 밋밋하다. 꽃은 화관의 흰색 바탕에 가운데 부분이 황색으로, 가장자리에 흰색 털이 있어 아주 독특하다.

자생지 못이나 늪 **분포** 중부 이남 **개화시기** 7~8월 **꽃색** 백색 가운데는 황색 **꽃크기** 약 1.5cm **전초외양** 수초형 **전초높이** 심심에 따라 다르다 **원산지** 한국 **생태** 다년초

02 여름에 피는 산야초

피막이풀 Hydrocotyle ramiflora

산형과

피막이풀이란 '지혈止血'이란 뜻으로, 민간에서 잎을 이용해 피를 멈추는 데 사용한다. 줄기는 비스듬히 선 채 지면을 따라 뻗으면서 마디에서 뿌리가 내리고, 짧은 털이 있다.

자생지 산과 들, 길가 **분포** 남부지방 **개화시기** 7~8월 **꽃색** 황록색 **꽃크기** 약 5mm
전초외양 포복형 **전초높이** 환경에 따라 다르다 **원산지** 한국 **생태** 다년초

바늘꽃 Epilobium pyrricholophum

바늘꽃과

산과 들의 습지나 물가에 사는 여러해살이 풀로, 땅속줄기가 옆으로 길게 뻗는다. 줄기는 곧게 서고 윗부분에 선모가 있다. 잎은 마주나고 달걀모양의 바소꼴로 가장자리에 불규칙한 톱니가 있으며, 가을에는 붉게 단풍이 든다. 꽃은 7~8월에 옅은 홍자색으로 줄기 윗부분 잎겨드랑이에 1개씩 달린다.

자생지 물가, 습지 **분포** 전국 **개화시기** 7~8월 **꽃색** 홍자색 **꽃크기** 1~1.3cm **전초외양** 직립형 **전초높이** 30~90cm **원산지** 한국 **생태** 다년초

02 여름에 피는 산야초

마름 Trapa japonica

마름과

물위에 떠서 자라는 수생관엽식물이다. 뿌리는 물밑의 진흙 속에 내리며, 물위까지 자란 줄기 끝에 많은 잎들이 달린다. 잎은 마름모꼴로 길이보다 너비가 더 길며, 가장자리에는 톱니들이 있고, 가운데가 부풀어 있어 잎이 물위에 떠 있게 해준다. 꽃은 물위에 나와 있는 잎겨드랑이에 1송이씩 핀다.

자생지 연못, 늪 **분포** 전국 **개화시기** 7~8월 **꽃색** 백색, 담홍색 **꽃크기** 약 1cm **전초외양** 직립형 **전초높이** 수심에 따라 다르다 **원산지** 한국 **생태** 1년초

02 여름에 피는 산야초

부처꽃 Lythrum anceps

부처꽃과

냇가, 연못 등 습한 지역에서 무리지어 피어나는 여름꽃으로, 한국 전역에서 볼 수 있다. 음력 7월 15일, 백중날 부처님께 이 꽃을 바친 데서 이름이 유래했다. 전국의 산 언저리, 계곡, 들, 냇가 등 물기가 많은 곳에서 자란다. 줄기는 곧고, 가지가 많이 갈라진다.

자생지 계곡 등의 습지 **분포** 전국 **개화시기** 7~8월 **꽃색** 홍자색 **꽃크기** 7~8mm **전초외양** 직립형 **전초높이** 80~100cm **원산지** 한국 **생태** 다년초

차풀 Cassia Mimosoides var.

콩과

말려서 차로 끓여 마시기도 하기 때문에 차풀이란 이름이 붙었다. 곧게 자라는 줄기는 잔털이 있으며 가지가 갈라진다. 차풀은 밤에 마주보는 잎을 포개어 잠을 자는 특성이 있다. 줄기는 자줏빛이 도는 갈색이고, 꼬부라진 털이 있다. 잎겨드랑이에서 나온 작은 꽃줄기 끝에 꽃이 핀다.

자생지 냇가 근처 양지 **분포** 전국 **개화시기** 7~8월 **꽃색** 황색 **꽃크기** 5~6mm **전초외양** 직립형 **전초높이** 30~60cm **원산지** 한국 **생태** 1년초

비수리 Lespedeza cuneata

미나리아재비과

언뜻 보기에 싸리나무를 닮았으며, 시골에서 빗자루를 만드는 데 쓰기도 한다. 저수지 둑 같은 곳에 무리지어 자라며, 산사태를 막기 위해 일부러 심기도 한다. 비수리를 야관문夜觀門이라고도 하는데, '밤에 빗장을 열어주는 약초'라는 뜻으로, 술을 담가 마시면 양기부족에 탁월한 효과가 있다고 한다. 또 파충류나 곤충이 싫어하는 냄새가 나서 비수리 근처에는 뱀, 개구리, 곤충 같은 것이 가까이 오지 않는다.

자생지 산기슭, 하천 둑 **분포** 전국 **개화시기** 7~8월 **꽃색** 백색에 자색선 **꽃크기** 6~7mm **전초외양** 직립형 **전초높이** 50~100cm **원산지** 한국 **생태** 다년초

참나리 Lilium lancifolium

백합과

나리 종류는 야생종과 원예종 합쳐 300여종이 넘는데, 이러한 나리류 중 꽃이 크고 가장 아름다워 '진짜 나리'란 의미로 참나리라 부른다. 꽃이 아름다운 반면 향은 없다. 잎은 피침형으로 줄기에 다닥다닥 달리고, 엽액에 갈색의 주아잎이나 줄기가 변해서 구슬 모양으로 자라난 것가 달린다. 한여름에 꽃필 무렵, 생장점이 있는 엽액에 붙어 있다 땅에 떨어져 싹을 틔워 번식한다.

자생지 초지, 밭둑 **분포** 전국 **개화시기** 7~8월 **꽃색** 등적색 **꽃크기** 10~12cm **전초외양** 직립형 **전초높이** 1~2m **원산지** 한국 **생태** 다년초

쑥 Artemisia princeps

국화과

어디서든 쑥쑥 잘 자란다고 하여 붙여진 이름으로, 이른 봄에 나오는 어린순으로 국을 끓여 먹으면 봄을 느끼게 하는 '봄의 대표적 전령사'이다. 예로부터 쑥은 신비한 약효를 지닌 식물로 귀하게 여겨왔다. 줄기와 잎을 단오 전후에 캐서 말린 것을 약애藥艾라 하여 복통, 구토, 지혈에 쓰고, 뜸을 뜨기도 하며, 잎만 말린 것은 애엽艾葉이라 해 상처에 바른다. 여름에는 화톳불에 말린 쑥을 태워 벌레를 쫓기도 한다.

자생지 산이나 들 **분포** 전국 **개화시기** 7~9월 **꽃색** 담갈색 **꽃크기** 약 1.5mm **전초외양** 직립형 **전초높이** 약 1m **원산지** 한국 **생태** 다년초

02 여름에 피는 산야초

망초 Erigeron sumatrensis

국화과

국화과에 속하는 망초는 어디서나 흔히 볼 수 있어 토종식물인 것 같지만, 북아메리카 원산의 귀화식물이다. 전국의 인가 근처, 빈터, 텃밭에서 자라며 키는 1~2m 정도이다. 줄기는 곧게 뻗으며 연한 털이 빽빽이 덮여 있고, 피침형의 줄기잎에는 거친 톱니가 있고, 양면은 털로 덮여 있다. 어릴 때는 개망초와 구별하기 어려울 정도로 비슷하나, 꽃을 보면 망초는 혀꽃이 없고 통상화만 있다.

자생지 빈터, 텃밭 등 **분포** 전국 **개화시기** 7~9월 **꽃색** 백색 **꽃크기** 약 5mm **전초외양** 직립형 **전초높이** 1~2m **원산지** 북아메리카 **생태** 1~2년초

개망초 *Erigeron annuus*

국화과

개개망초도 북아메리카 원산의 귀화식물이다. 번식력이 워낙 좋아 한번 밭에 퍼지면 농사를 망친다 하여 개망초라는 이름을 얻었다고 한다. 풀 전체에 털과 가지가 많다. 뿌리잎은 꽃이 피면 시들고, 줄기잎은 어긋나며 긴 타원형으로 가장자리에 톱니가 있다. 봄에 연한 잎은 식용한다.

자생지 길가 등의 거친 땅 **분포** 전국 **개화시기** 7~9월 **꽃색** 백색 **꽃크기** 약 2cm **전초외양** 직립형 **전초높이** 30~100cm **원산지** 북아메리카 **생태** 1~2년초

02 여름에 피는 산야초

잔대 Adenophora triphylla var.

초롱목과

말린 뿌리는 예로부터 사삼沙蔘이라 해 민간보약으로 널리 사용되었는데, 산삼山蔘, 현삼玄蔘, 고삼苦蔘, 단삼丹蔘)과 함께 다섯 가지 삼의 하나로 꼽아 왔다. 풀 종류 중 오래 사는 식물의 하나로 수백 년 묵은 것이 발견되기도 한다. 뿌리가 도라지처럼 희고 굵으며, 원줄기에는 전체적으로 잔털이 있다. 뿌리잎은 꽃이 필 때 시들어 떨어지고, 줄기잎은 돌려나며 가장자리에 톱니가 있다. 어린잎은 식용한다.

자생지 산과 들 **분포** 전국 **개화시기** 7~9월 **꽃색** 청자색 **꽃크기** 약 2cm **전초외양** 직립형 **전초높이** 40~120cm **원산지** 한국 **생태** 다년초

02 여름에 피는 산야초

계요등 Paederia scandens var.

꼭두서니과

닭오줌 냄새가 나는 나무라 하여 계요등鷄尿藤이란 이름이 붙여졌다. 중부 이남의 산기슭 양지바른 곳이나 바닷가 풀밭에 자라는 낙엽덩굴성 나무이지만, 풀의 성질을 갖고 있다. 겨울에는 줄기 위쪽이 죽는다. 어린가지에는 잔털이 있으며 독특한 냄새가 나고, 잎은 마주나며 달걀형이고 밋밋하다.

자생지 산기슭, 강둑   **분포** 중부 이남   **개화시기** 7~9월   **꽃색** 백색   **꽃크기** 1~2cm
전초외양 덩굴형   **전초높이** 5~7m 덩굴의 길이   **원산지** 동남아시아   **생태** 다년초

미나리 Oenanthe javanica

산형과

미나리는 크게 물미나리와 돌미나리로 구분된다. 물미나리는 논에서 재배되어 논미나리라고도 하고, 줄기가 길며 상품성이 높고, 보통 미나리라 칭하는 것이다. 이에 비해 돌미나리는 본래 계곡의 샘터나 들의 습지, 물가에 야생하는 것으로 논미나리에 비해 짧고 잎사귀가 많다. 줄기 밑부분에서 가지가 갈라져 옆으로 퍼지고, 마디에서 뿌리를 내려 번식한다. 줄기는 털이 없고, 독특한 풍미의 향이 있다.

자생지 습지, 물가 **분포** 전국 **개화시기** 7~9월 **꽃색** 백색 **꽃크기** 약 5mm **전초외양** 직립형 **전초높이** 20~50cm **원산지** 한국 **생태** 다년초

02 여름에 피는 산야초

활나물 Crotalaria sessiliflora

콩과

다소 건조한 풀밭이나 들에서 볼 수 있다. 줄기는 곧고 잎의 표면을 제외하고는 전초에 털이 있다. 잎은 넓은 선형 또는 피침형으로 어긋나고 끝이 뾰족하거나 둔하다. 꽃은 가지 끝에 수상으로 달리고 꽃과 열매를 감싸며, 겉에 갈색 털이 밀생해 꽃잎이 꽃받침보다 작다.

자생지 산과 들, 풀밭 **분포** 전국 **개화시기** 7~9월 **꽃색** 청자색 **꽃크기** 약 1cm **전초 외양** 직립형 **전초높이** 20~70cm **원산지** 한국 **생태** 1년초

02 여름에 피는 산야초 | 285

오이풀 Sanguisorba officinalis

장미과

잎을 자르면 상큼한 오이냄새가 나기 때문에 붙여진 이름이다. 전국의 산야나 평지에서 자란다. 지면 위까지 올라온 뿌리에서 원줄기가 끝이 뾰족한 원뿔 모양으로 곧게 서고, 윗부분에서 가지가 갈라진다. 잎은 어긋난 깃꼴겹잎으로, 작은 잎은 긴 타원형이며 가장자리에 톱니가 있고, 줄기잎은 작아지며 대가 없어진다. 암적색의 꽃을 꽃차례의 밑에서부터 계속 피우는 모습이 아름다워, 꽃꽂이용으로도 많이 사용된다.

자생지 산과 들 **분포** 전국 **개화시기** 7~9월 **꽃색** 암적자색 **꽃크기** 1~2cm **전초외양** 직립형 **전초높이** 35~100cm **원산지** 한국 **생태** 다년초

문주란 Crinum asiaticum var.

수선화과

제주도의 토끼섬에서만 자라서 천연기념물 제19호로 지정·보호되고 있는 식물이다. 연평균 기온이 15°C 넘는 곳에서만 자란다. 비늘줄기는 하얗고 이 비늘줄기에서 잎들이 나온다. 잎은 조금 두껍고 광택이 나는데, 잎이 길어 중간 이상 부위는 아래로 처진다. 꽃은 산형꽃차례로 달리고, 향이 있다.

자생지 해안의 모래밭 **분포** 제주도 토끼섬 **개화시기** 7~9월 **꽃색** 백색 **꽃크기** 7~8.5cm
전초외양 직립형 **전초높이** 30~70cm **원산지** 아프리카, 아메리카 **생태** 다년초

02 여름에 피는 산야초

무릇 Scilla scilloides

백합과

봄철에 어린잎과 비늘줄기는 나물로 먹는다. 땅속 비늘줄기는 알 모양으로 봄과 가을에 두 차례 잎이 나오는데, 봄 잎은 여름에 말라버리고 가을에 새잎이 나온다. 비늘줄기에서 긴 꽃줄기가 나와 총상꽃차례를 이루며 꽃이 달린다.

자생지 초지, 산기슭 **분포** 전국 **개화시기** 7~9월 **꽃색** 담자색 **꽃크기** 3~4mm **전초외양** 직립형 **전초높이** 20~50cm **원산지** 한국 **생태** 다년초

우산나물 Syneilesis palmata

국화과

이른 봄 숲속 낮은 곳에서 얼굴을 내미는 어린순의 모습이 접은 우산과 닮았다고 하여 우산나물이라고 한다. 어린순은 나물로 먹는다. 새싹일 때는 근생엽 1장뿐이지만, 그루가 튼실해지면 꽃대를 세우고 꽃을 피운다. 줄기잎은 2~3장이 붙어 나며, 깊게 패어 있다.

자생지 산지의 숲 **분포** 전국 **개화시기** 7~10월 **꽃색** 황백색 **꽃크기** 8~10mm **전초외양** 직립형 **전초높이** 50~100cm **원산지** 한국 **생태** 다년초

02 여름에 피는 산야초

매듭풀 Kummerowia striata

콩과

길가나 들 또는 하천가 등 해가 잘 드는 곳에서 흔히 볼 수 있다. 줄기는 곧게 서고, 가지는 가늘게 갈라져 옆으로 자라는데 아래쪽을 향한 잔털이 있다. 잎은 어긋나며 3개의 작은 잎이 모여 있다. 꽃은 잎겨드랑이에 모여 핀다. 연하고 영양분이 많아 가축의 먹이로 많이 쓰인다.

자생지 길가, 하천가 **분포** 전국 **개화시기** 8~9월 **꽃색** 담홍색 **꽃크기** 약 1cm **전초외양 포복형** **전초높이** 10~30cm **원산지** 한국 **생태** 1년초

함초 Salicornia europaea.

미지정종

맛이 몹시 짜서 염초鹽草라 부르기도 하며, 희귀하고 신령스런 풀로 여겨 신초神草라고도 한다. 봄부터 여름까지 줄기와 가지가 녹색이다가, 가을이 되면 진한 빨강으로 물든다. 함초는 육지에서 자라지만, 바닷물 속의 모든 미네랄을 농축해 함유하고 있다. 소금기가 많은 흙일수록 잘 자라면서도 바닷물에 잠기면 죽는다. 함초의 생즙은 간장처럼 짜지만, 한 잔을 다 마셔도 목이 마르지 않을 만큼 생명체에 유익한 소금이다.

자생지 해안의 염습지 **분포** 서해안, 남해안 **개화시기** 8~9월 **꽃색** 담홍색 **꽃크기** 약 1mm **전초외양** 직립형 **전초높이** 10~30cm **원산지** 불명 **생태** 1년초

02 여름에 피는 산야초

The Wild Flowers of Korea

03
가을에 피는 산야초

번행초 Tetragonia tetragonoides

번행초과

여러해살이 다육식물로 생명력이 강해, 자갈밭이나 바위틈 등 몹시 척박하고 물기가 없는 곳에서도 잘 자란다. 줄기와 잎은 다육질이어서 잘 부러지고, 꺾으면 희고 끈끈한 즙이 나온다. 잎은 두꺼운 난상 삼각형으로 어긋나고, 털은 없지만 표피세포가 우툴두툴하여 만지는 느낌은 꺼칠꺼칠하다. 그리고 번행초에는 부패를 방지하는 특이한 효소가 들어 있어, 생선을 오래 보관하는 데도 쓴다.

자생지 해안가 **분포** 중부 이남 **개화시기** 4~11월 **꽃색** 황색 **꽃크기** 4~7mm **전초외양** 포복형 **전초높이** 40~60cm **원산지** 한국 **생태** 다년초

03 가을에 피는 산야초

쇠서나물 Picris hieracioides var

국화과

줄기나 잎에 적갈색의 가시 같은 잔털이 있어 소의 혀같이 깔깔한 느낌이 들어 '쇠서(소의 혀)나물'이라고 한다. 어린잎은 식용하고 한방에서 설사, 기침 등의 약용으로도 사용한다. 뿌리잎은 꽃이 피면 없어지고, 줄기잎은 어긋나며 피침형으로 줄기를 감싸고 있다.

자생지 들, 길가 **분포** 전국 **개화시기** 6~10월 **꽃색** 황색 **꽃크기** 2~2.5cm **전초외양** 직립형 **전초높이** 30~100cm **원산지** 한국 **생태** 1~2년초

03 가을에 피는 산야초

고들빼기 Lactuca indica

국화과

자주 볼 수 있는 야생초다. 언뜻 보면 씀바귀를 닮았지만, 씀바귀는 꽃이 여름에 피고 고들빼기는 가을에 핀다. 꽃의 크기도 훨씬 크다. 꽃은 낮 동안 피고, 밤이 되면 닫는다. 흐리거나 비 오는 날에는 피지 않는다. 잎줄기를 자르면 끈끈한 유액이 나오며, 꽃은 엷은 황색으로 가장자리가 엷은 자색을 띤다. 봄에 미각을 자극하는 나물로도 사용되고, 위궤양이나 만성위염에 효과가 있어 약용으로도 쓰인다.

자생지 들, 길가 **분포** 전국 **개화시기** 7~10월 **꽃색** 황색 **꽃크기** 약 2cm **전초외양** 직립형 **전초높이** 1~2m **원산지** 한국 **생태** 1~2년초

쑥부쟁이 Kalimeris yomena

국화과

산과 들의 양지바르면서도 습한 곳에서 많이 볼 수 있다. 줄기는 곧게 자라고, 뿌리줄기는 옆으로 길게 뻗으며 번식한다. 세포학적으로 가새쑥부쟁이와 남원쑥부쟁이 사이에서 생긴 잡종이라 한다. 봄에 자주색을 띤 꽃이 눈에 잘 띄어 자채라고도 하며, 뿌리까지 자색을 띠고 있다. 맛이 좋기 때문에, 어릴 때 뿌리까지 채취해 나물로 먹기도 한다. 잎은 긴타원형으로, 표면의 가장자리에 약간의 털이 있다.

자생지 습지, 논밭, 빈터 **분포** 전국 **개화시기** 7~10월 **꽃색** 청자색 **꽃크기** 약 3cm **전초외양** 직립형 **전초높이** 30~100cm **원산지** 한국 **생태** 다년초

강아지풀 Setaria viridis

벼과

과거에는 흉년이 들 때 굶주림에서 벗어나기 위해 구황식물로 심어, 그 작은 씨앗을 먹었다. 들이나 밭, 길가 등 어디에서나 잘 자라는 강인한 생장력 때문에 가능했다. 뿌리에서 몇 개의 줄기가 나오고, 잎은 마디마디에 한 장씩 달린다. 줄기 끝에 이삭꽃차례를 이루며 피는 꽃은 약간 긴 털이 있어, 강아지 꼬리처럼 부드럽다. 민간에서는 9월에 뿌리를 말려 구충제로 쓰기도 한다.

자생지 길가, 들 **분포** 전국 **개화시기** 7~10월 **꽃색** 담녹색 **꽃크기** 2~2.5mm **전초외양** 직립형 **전초높이** 20~70cm **원산지** 한국 **생태** 1년초

03 가을에 피는 산야초

등골나물 Eupatorium chinense

국화과

줄기는 윗부분으로 올라가면 가지가 갈라지고, 그 끝에 작은 꽃들이 밀집하여 핀다. 꽃의 색깔은 보통 흰색이 많지만, 장소에 따라서는 담홍자색을 띠는 것도 있다. 두상화는 모두 통상화로 이루어진 것이며, 화관에서 실타래 같은 암술대가 나와 꽃 전체를 부풀어 보이게 한다. 잎 모양은 계란 모양의 긴 타원형으로, 가장자리가 톱니 모양이다. 전국에 분포하는 숙근성 다년초로 관화식물이다.

자생지 산야의 숲 **분포** 전국 **개화시기** 7~10월 **꽃색** 흰색 **꽃크기** 5~6mm **전초외양** 직립형 **전초높이** 1~2m **원산지** 한국 **생태** 다년초

03 가을에 피는 산야초

고마리 Polygonum thunbergii

마디초과

고마리는 양지바른 곳을 좋아해 강가, 냇가, 개울가에 군생하고 좀처럼 논으로는 침범하지 않는다. 줄기는 비스듬히 올라가며, 아래로 향한 가시가 있다. 잎은 창형으로 표면에 흑색으로 여덟팔자(八)가 쓰여 있는 것이 특징이다. 꽃은 가지 끝에 10~20개씩 뭉쳐서 달린다. 화경은 매우 짧고, 꽃잎은 없으며, 짧은 털과 대가 있는 선모가 있다. 꽃색은 백색 바탕에다 끝에 붉은빛이 도는 것과 흰빛이 도는 것이 있다.

자생지 하천변, 도랑가 **분포** 전국 **개화시기** 8~9월 **꽃색** 백색, 홍색 **꽃크기** 5~6mm **전초외양** 직립형 **전초높이** 약 1m **원산지** 한국 **생태** 1년초

03 가을에 피는 산야초

갈대 Phragmites communis

벼과

갈대는 북극에서 열대지방까지 호수나 습지, 개울가를 따라 자라는 여러해살이풀이다. 뿌리줄기의 마디에서 수많은 수염뿌리가 난다. 잎이 넓은 풀로 깃털모양의 꽃이 무리지어 피며, 줄기는 곧고 매끈하다. 가을 물가에서 날리는 갈대 이삭의 모습은 장관을 이룬다.

자생지 습지, 냇가 **분포** 전국 **개화시기** 8~9월 **꽃색** 담갈색 **꽃크기** 1~1.7cm **전초외양** 직립형 **전초높이** 약 3m **원산지** 한국 **생태** 1년초

03 가을에 피는 산야초

모시대 Adenophora remotiflora

도라지과

산길을 올려다보는 숲 가장자리에서 많이 자라며, 비스듬히 자란 줄기 끝에 보라색 꽃을 피운다. 꽃차례의 꽃자루는 아래쪽일수록 길어지며, 위쪽의 꽃자루는 짧다. 꽃은 끝이 넓은 종 모양이고, 화관은 끝이 뒤로 젖혀진다. 꽃잎은 넓은 종 모양이며 5갈래로 찢어진다. 암술대는 아주 조금만 밖에 삐져나온 것이 특징이다. 꽃색은 처음 필 무렵의 색깔이 가장 짙고, 장소에 따라 조금씩 농담이 다르다.

자생지 산지의 숲 **분포** 전국 **개화시기** 8~9월 **꽃색** 흰색 **꽃크기** 2~3cm **전초외양** 직립형 **전초높이** 50~100cm **원산지** 한국 **생태** 다년초

배풍등 Solanum lyratum

가지과

가을에 나는 붉은색 동그란 열매가 꽃보다 눈에 띈다. 열매는 동그란 형태의 액과이며, 잎이 말라도 가지에 남아 있어 가을의 정취를 풍기지만 독이 있다. 꽃은 흰색 또는 보라색이며, 꽃잎은 뒤로 젖혀져 있다. 수술은 5개이며, 꽃밥은 노랗다. 중심에서 암술의 암술대가 툭 튀어나와 있다. 덩굴성이며 줄기나 잎에 부드러운 털이 밀생하고, 잎자루로 다른 것을 타고 올라간다.

자생지 산지의 숲 **분포** 전국 **개화시기** 8~9월 **꽃색** 흰색 **꽃크기** 약 1cm **전초외양** 덩굴형 **전초높이** 1~2m **원산지** 한국 **생태** 다년초

03 가을에 피는 산야초

뚱딴지 Helianthus tuberosus

국화과

북아메리카 원산으로 '돼지감자'라고도 한다. 인가 주변에서 야생으로 자라며, 일부에서는 가축의 사료로 쓰기 위해 심기도 한다. 땅속줄기의 끝이 굵어져 덩이줄기가 발달하는데, 유럽에서는 요리용 야채로 쓰기도 한다. 잎은 마주나고 긴타원형으로 가장자리에 톱니가 있고, 밑부분이 좁아져 날개처럼 보인다. 덩이줄기는 모양과 크기, 무게, 색깔도 다양하고 공기에 노출되면 금방 주름이 지고 속살이 파삭해진다.

자생지 인가 주변 **분포** 전국 **개화시기** 8~10월 **꽃색** 황색 **꽃크기** 6~8cm **전초외양** 직립형 **전초높이** 1.5~3m **원산지** 북아메리카 **생태** 다년초

단풍취 Ainsliaea acerifloia var.

국화과

심산유곡에 피는 운치 있는 꽃으로, 숲속 나무 그늘에서 보면 흰 꽃만 붕 떠 있는 것 같다. 꽃은 줄기 한편으로만 모여 나며, 꽃이 필 무렵에는 옆을 보고 핀다. 잎의 모양은 단풍나무와 닮았고, 가늘고 하얀 꽃이 아름답다.

자생지 산지의 숲 **분포** 전국 **개화시기** 8~10월 **꽃색** 흰색 **꽃크기** 약 2cm **전초외양** 직립형 **전초높이** 40~80cm **원산지** 한국 **생태** 다년초

03 가을에 피는 산야초

개미취 Aster tataricus

국화과

꽃이 많이 피고 아름다워 관상용으로도 흔히 키운다. 마당이나 시골의 길가 주변에서 많이 볼 수 있다. 뿌리는 기침을 멈추게 하고, 가래를 제거하는 효과가 있다. 꽃은 담자색이며, 암꽃인 설상화와 양성인 노란색 통상화로 이루어져 있다.

자생지 산지의 초원 **분포** 전국 **개화시기** 8~10월 **꽃색** 담자색 **꽃크기** 약 3cm **전초외양** 직립형 **전초높이** 1~2m **원산지** 한국 **생태** 다년초

03 가을에 피는 산야초 | 325

멸가치 Adenocaulon himalaicum

국화과

산지의 나무그늘 등에 머위와 닮은 잎을 펼치며 자란다. 잎 모양이 머위와 닮아서 '개머위'라고도 불리는데, 사실 머위와는 다른 속(屬)이다. 꽃은 흰색 통상화로 이루어져 있다. 열매를 맺는 것은 암꽃뿐이다. 열매는 방사선 모양이며, 끝이 끈적하고 둥근 털이 있어서 동물 등에게 달라붙어 이동한다.

자생지 산지의 숲 **분포** 전국 **개화시기** 8~10월 **꽃색** 흰색 **꽃크기** 약 5mm **전초외양** 직립형 **전초높이** 50~80cm **원산지** 한국 **생태** 다년초

03 가을에 피는 산야초

더덕 Codonopsis lanceolata

초롱꽃과

더덕을 '산삼의 사촌'이라고도 한다. 향과 맛으로 입맛을 회복시켜주고, 식이섬유소와 무기질이 풍부하여 건강에 이롭다. 습기가 있는 숲이나 계곡에서 자란다. 줄기는 길이 2m 정도의 덩굴이 되며, 다른 풀에 휘감긴다. 꽃에는 보라색 무늬가 들어가 있어 예쁘다. 덩굴을 꺾으면 하얀 유액이 나오며, 특유의 더덕 향이 난다.

자생지 산지의 숲 **분포** 전국 **개화시기** 8~10월 **꽃색** 흰색바깥, 보라색안 **꽃크기** 약 3cm **전초외양** 덩굴형 **전초높이** 1~2m **원산지** 한국 **생태** 다년초

03 가을에 피는 산야초 | 329

억새 Miscanthus sinensis

벼과

화려한 꽃을 피우지는 못하지만, 갈대와 함께 쓸쓸한 가을의 정취를 대표하는 식물이다. 뭉뚱그려 억새라 부르는 종류는 10가지가 넘을 정도로 다양하다. 뿌리줄기는 모여 나고 굵으며 원기둥 모양이고, 잎은 줄 모양인데, 끝으로 갈수록 뾰족해지고 가장자리가 거칠다. 9월에 줄기 끝에 부채꼴 또는 산방꽃차례로 작은 이삭이 촘촘히 달린다. 작은 이삭에는 털이 다발로 나고, 끝에는 까락이 있다.

자생지 산과 들 **분포** 전국 **개화시기** 9월 **꽃색** 황갈색, 자갈색 **꽃크기** 8~15mm **전초외양** 직립형 **전초높이** 1~2m **원산지** 한국 **생태** 다년초

삽주 Atractylodes japonica

국화과

전국 각지의 산지에서 자라는 다년생 초본으로 가을의 정취가 물씬 풍기는 꽃이다. 줄기나 가지 끝에 머리 모양으로 흰색의 꽃이 핀다. 삽주는 새봄에 나는 싹을 산나물로 먹고, 위장을 튼튼하게 하는 것으로 이름난 약초다.

자생지 산지의 숲 **분포** 전국 **개화시기** 9~10월 **꽃색** 흰색 **꽃크기** 1~2cm **전초외양** 직립형 **전초높이** 30~60cm **원산지** 한국 **생태** 다년초

■ 찾아보기

가락지나물 190
갈대 314
갈퀴덩굴 150
감자난초 138
강아지풀 308
개구리발톱 96
개구리자리 98
개망초 276
개미취 324
개별꽃 116
개보리뺑이 30
갯괴불주머니 94
갯메꽃 158
갯무 86
갯방풍 194
갯완두 162
갯장대 90
계요등 280
고들빼기 304
고마리 312
곤달비 230
광대나물 72
광대수염 104
광릉요강꽃 56
괭이눈 46

괭이밥 216
구슬붕이 160
국화바람꽃 22
금난초 58
금전초 70
금창초 154
기린초 198
깽깽이풀 26
꼭두서니 246
꽃다지 112
꽃마리 110
꿀풀 152
꿩의바람꽃 20
나도개감채 64
남방바람꽃 24
냉이 124
노루귀 12
단풍취 322
달맞이꽃 236
대극 76
더덕 328
도라지 240
독미나리 214
등골나물 310
등대풀 122
딱지꽃 196
떡쑥 182
뚜껑별꽃 74

뚝갈 242
뚝새풀 174
뚱딴지 320
마름 262
마타리 244
마편초 252
망초 274
매듭풀 294
맥문동 170
머위 48
메꽃 210
멸가치 326
명아주 226
모시대 316
무릇 290
문주란 288
미나리 282
미치광이풀 50
민들레 32
바늘꽃 260
바위취 128
박주가리 254
박하 248
방가지똥 178
배풍등 318
백작약 114
뱀딸기 82
번행초 300

벌깨덩굴 106	앉은부채 28	주름잎 192
벼룩나물 100	애기나리 68	중의무릇 62
변산바람꽃 18	애기똥풀 224	지칭개 186
별꽃 164	애기풀 78	진황정 126
보춘난초 14	앵초 40	질경이 208
부처꽃 264	약난초 140	짚신나물 222
붓꽃 168	양지꽃 84	차풀 266
비수리 268	어리연 256	참나리 270
뽀리뺑이 146	억새 330	참소리쟁이 188
사상자 212	얼레지 16	처녀치마 42
산자고 102	엉겅퀴 204	천남성 202
산작약 114	연영초 142	큰꽃으아리 132
삼백초 228	오이풀 286	큰방울새란 136
삽주 332	외대바람꽃 44	털복주머니란 172
서양민들레 36	우산나물 292	토끼풀 220
석곡난초 60	원추리 200	풀거북꼬리 176
석잠풀 232	윤판나물 108	피막이풀 258
선갈퀴 130	은난초 120	한라바람꽃 24
솔나물 206	은방울꽃 66	홀미꽃 52
솜나물 118	이질풀 218	흔초 296
솜방망이 148	익모초 250	홀아비꽃대 54
쇠비름 234	자귀풀 238	홀나물 284
쇠서나물 302	자운영 80	황새냉이 88
수영 166	자주괴불주머니 92	흰민들레 34
실꽃풀 144	잔대 278	
쑥 272	적작약 134	
쑥부쟁이 306	제비꽃 38	
씀바귀 184	좀가지풀 156